国家电网有限公司
电力科技著作出版项目

微电网
运行控制与保护技术

WEIDIANWANG YUNXING KONGZHI YU BAOHU JISHU

张建华 黄 伟 著

中国电力出版社
CHINA ELECTRIC POWER PRESS

内 容 提 要

本书共分8章，主要包括微电网的基本概念、微电网的元件和结构、微电网模型与建模、微电网运行方式和控制方法、多Agent系统及其在微电网中的应用、微电网保护技术、微电网仿真实例分析、微电网未来发展方向等。

本书主要供电气工程技术人员研究、参考之用，也可作为高等院校电气工程及其自动化专业研究生的教材和参考书。

图书在版编目（CIP）数据

微电网运行、控制与保护技术/张建华，黄伟著．—北京：中国电力出版社，2010.7（2023.9重印）

ISBN 978-7-5083-9977-5

Ⅰ.①微… Ⅱ.①张… ②黄… Ⅲ.①智能控制—电力系统—研究 Ⅳ.①TM76

中国版本图书馆CIP数据核字（2010）第002007号

中国电力出版社出版、发行

（北京市东城区北京站西街19号 100005 http：//www.cepp.sgcc.com.cn）

固安县铭成印刷有限公司印刷

各地新华书店经售

*

2010年7月第一版 2023年9月北京第四次印刷

850毫米×1168毫米 32开本 7.375印张 195千字

印数7001—7500册 定价 **32.00**元

前言

21世纪将是人类大规模开发利用新能源的关键期。微电网能够充分发挥新能源的特点，是未来人类能源与环境的钥匙，我们可以预见，围绕新能源的利用，微电网的建设在21世纪会出现高速发展期。本书将以微电网为核心技术，围绕目前国际社会综合利用新能源的研究热点，对微电网的运行、控制与保护技术进行仿真研究。

鉴于我国在电力系统微电网研究方面的基础还比较薄弱，作者通过广泛地阅读国内外的文献资料，在主持国家高技术研究发展计划（863计划）（2008AA05Z216）微电网的并网、控制和保护技术，Project supported by National Hi - Tech Research Development Program和参与国家高技术研究发展计划（863计划）（2007AA05Z249）北方地区的MW级分布式热电冷三联供能系统集成技术与示范工程，Project supported by National Hi - Tech Research Development Program（2007AA05Z249）子项目的基础上完成本书的编写，并得到两项基金的资助。

本书阐述了微电网的发展历程以及建立微电网的必要性和可行性，从微电网的基本概念、结构和原理上构成体系结构，仿真试验结果等方面加以论述，力求概念清楚、层次分明，内容全面，紧密联系国内外的发展动态。本书在微电网的孤网运行和并网运行模式上，探讨了微电网的运行、控制与保护技术，主要研究内容涉及三个方面：①微电网并网技术的研究，内容包括微电网运行对接入配电网的影响研究；②微电网机组并网技术与方式、微电网协调、运行与控制技术的研究，内容包括计及分布式电源配电网随机潮流的稳态分析研究、微电网并网运行的暂态仿真模型研究和微电网协调控制可行性研究；③微电网运行保护技术的研究。

本书由张建华教授、黄伟教授著。参与各章节编写和整理工作的还有杨琦博士、苏岭博士，王鑫硕士、郭佳欢硕士和谢清华硕士；此外，杨仁花、吴子平、赵炜炜、张国华、牛铭和苗维时等研究生参加了项目研究工作，在此一并向他们表示衷心的感谢！

华北电力大学微电网团队在这方面创建了微电网的仿真模型和控制策略，总结和借鉴国内外的科研成果，为微电网的应用提供理论基础。但由于微电网技术还不够成熟，还有很多问题需要解决，本书旨在抛砖引玉，书中错误在所难免，敬请读者和相关技术人员不吝赐教。

作　者

2009.10 于北京

目 录

引　言

1.1 微电网的提出

随着电力需求的不断增长，大电网（或称公用电网）在过去数十年里体现出来的优势使其得以快速地发展，成为主要的电力供应渠道。然而，集中式大电网也存在一些弊端：成本高，运行难度大，难以满足用户越来越高的安全性和可靠性要求。尤其是近几年来，世界范围内接连几次发生大面积停电事故以后，大电网的脆弱性充分地暴露出来，特别是在发生自然灾害、电网事故的紧急情况下，军工、医院、金融等系统突然断电造成的不仅仅是经济损失，还会危及社会的安全和稳定。因此，人们开始对电力系统的发展模式另辟蹊径。2003 年北美大停电以后，国际上的专家们得出了一个结论——发展分布式电源比通过改造电网来加强安全更加简便、快捷。我国 2008 年 1 月南方雪灾的教训也说明在继续发展集中式大机组的同时，要注重在负荷中心建设足够的分布式电源，以在出现非常规灾害或者战时攻击情况下，保证居民最小能源供应和最基本生活条件，并将这种电源作为保障电网安全的重要设施和手段，其成本应纳入整个电网运营成本当中。分布式发电具有污染少、能源利用率高、安装地点灵活等优点，并且与集中式发电相比，节省了输配电资源和运行费用，减少了集中输电的线路损耗。分布式发电可以减少电网总容量，改善电网峰谷性能，提高供电可靠性，是大电网的有力补充和有效支撑。近 20 年来，大部分国家已经把分布式发电提上了日程，人们开始对分布式发电系统的潜在效益展开认真研究。无疑，分布式发电是电力系统的发展趋势之一。

随着分布式发电渗透率的增加，其本身存在的问题也显现出来，分布式电源单机接入成本高、控制困难。一方面，分布式电源相对大电网来说是一个不可控源，因此大系统往往采取限制、隔离的方式来处置分布式电源，以期减小其对大电网的冲击。2001 年美国颁布了 IEEE _ P1547/D08“关于分布式电源与电力系统互联的标准草案”，并通过了有关法令让部分分布式发电系统上网运行，其中对分布式能源的并网标准作了规定：当电力系统发生故障时，分布式电源必须马上退出运行，这就大大限制了分布式能源效能的充分发挥。另一方面，目前配电系统所具有的无源辐射状运行结构以及能量流动的单向、单路径特征，使得分布式发电必须以负荷形式并入和运行，即发电量必须小于安装地用户负荷，导致分布式发电能力在结构上就受到极大限制。

随着新型技术的应用，尤其是电力电子接口和现代控制理论的发展，微电网概念出现了。微电网将额定功率为几十千瓦的发电单元——微源（MS）、负荷、储能装置及控制装置等结合，形成一个单一可控的单元，同时向用户供给电能和热能。基于微电网结构的电网调整能够方便大规模的分布式能源（DER）互联并接入中低压配电系统，提供了一种充分利用 DER 发电单元的机制。

与传统的集中式能源系统相比，微电网接近负荷，不需要建设大电网进行远距离高压或超高压输电，可以减少线损，节省输配电建设投资和运行费用；由于兼具发电、供热、制冷等多种服务功能，分布式能源可以有效地实现能源的梯级利用，达到更高的能源综合利用效率。如分布式电源能在暂态情况下自主运行，即在外部配电网上游部分出现扰动情况下，可以提高系统可靠性，同时可提高电网的安全性。另外其黑启动功能可以使停电时间最短并能帮助外部电网重新恢复正常运行。微电网能以非集中程度更高的方式协调分布式电源，因而可以减轻电网控制的负担并能够完全发挥分布式电源的优势。与大电网单独供电方式相比，微电网与大电网结合具有明显的优势。

（1）微电网的并网标准只针对微电网和大电网的公共连接点（Point of Common Coupling），而不针对具体的微源，解决了配电网中分布式电源的大规模接入问题，微电网可以灵活地处理分布式电源的连接和断开，体现了“即插即用”的特征，为充分发挥分布式电源的优势，提供了一个有效的途径。

（2）可以使得各种分布式发电设备的能力得到充分的利用，减小主干电网在负荷峰值期的负担。

（3）可以增强供电可靠性并提高系统稳定性。特别是近几年各种极端气候出现几率变大，我国由天气引发的事故频繁发生，如2008年1月南方地区发生的大范围长时间暴雪天气，致使电网严重受损，长时间、大面积的停电给国家带来了巨大的经济损失，给人民生活也造成了极大的不便。对某些特殊负荷，微电网与大电网结合可以保障非常时期的供电，提高外部大电网的安全性。

（4）可以提高整个电网的运行效率，同时也能减小对环境的污染。

（5）通过微电网可以实现更佳无功功率控制，减小谐波污染，提高电能质量，为用户提供“定制电力技术”服务。

（6）投资方面，通过缩短发电厂与负载间的距离提高系统的无功供应能力，从而改善电压分布特征（profile），消除配电和输电瓶颈，降低在上层高压网络中的损耗，减少或至少延迟对新的输电项目和大规模电厂系统的投资。

（7）市场方面，广泛采用微电网可降低电价，优化分布式发电可把经济实惠最大限度地带给用户。例如峰电价格高、谷电价格低。峰电期，微电网可输送电能，以缓解电力紧张；在电网电力过剩时可直接从电网低价采购电能。

总之，微电网具有双重角色，对于电力企业，微电网可视为一个简单的可调度负荷，可以在数秒内作出响应以满足传输系统的需要；对于用户，微电网可以作为一个可定制的电源，以满足用户多样化的需求，例如增加局部供电可靠性，降低馈线损耗，通过微电网储能元件对当地电压和频率提供支撑，或作为不可中断电源，提高电压下陷的校正。紧紧围绕全系统的能量需求的设计理念和向用户提供多样化电能质量的供电理念是微电网的两个重要特征。有人预测未来的配电系统将是传统的配电系统和大量分布在配电系统供电区域内的微电网混合而成，形成互联网一样的模式。

微电网可以看成未来电力系统的一种结构，可作为输电网、配电网之后的第三级电网；相比目前的大电网，这种结构具有显著的经济和环境效益。通过建立微电网可以使得分布式发电应用于电力系统并发挥其最大的潜能。

微电网及分布式电源（Distributed Generation，DG）虽然主要与配电网联系，但对整个电力系统的影响却将是巨大而深远的。

（1）对发电、输电系统的影响在于，对新建集中式发电厂和远距离输电线的需求将减少。

（2）对配电系统的影响在于，配电系统将发生根本性的变化，即配电系统将从一个辐射式的网络变为一个遍布电源和用户互联的网络，配电系统的控制和管理将变得更加复杂，配电变电站将成为“有源变电站”。

（3）对整个电力行业的影响在于，微电网及DG的普及将对电力市场的走向和最后格局产生深远的影响。

DG和微电网的出现将产生一些新的研究方向，如微电网并网标准，微电网的运行控制、保护方法，微电网接入后对电网的影响，以及运用多代理技术来对多微电网技术的控制和优化决策等。本书编写的目的在于通过仿真验证这些方法的可行性，并为指导工程实践奠定基础。

1.2 微电网定义

由于世界各国发展微电网的侧重点有所不同，所以对微电网的定义也有所差别[1~3]。

1.2.1 美国的定义

微电网作为未来美国电力系统发展的重要组成部分，得到了美国能源部（Department of Energy，DOE）的高度重视。目前主要由美国电力可靠性技术解决方案协会（Consortium for Electric Reliability Technology Solutions，CERTS）、威斯康辛大学、通用电气公司等组织共同参与研究。

美国能源部给出的定义为：微电网由分布式电源和电力负荷构成，可以工作在并网与独立两种模式下，具有高度的可靠性和稳定性。此定义描述了微电网的典型特征，不失一般性。

美国电力可靠性技术解决方案协会（CERTS）给出的定义为：微电网是一种由负荷和微型电源共同组成的系统，它可同时提供电能和热量；微电网内部的电源主要由电力电子器件负责能量的转换，并提供必需的控制；微电网相对于外部大电网表现为单一的受控单元，并同时满足用户对电能质量和供电安全等要求。

美国威斯康辛大学的R. H. Lasseter教授给出的概念是：微电网是一个由负荷和微型电源组成的独立可控系统，就地提供电能和热能。

1.2.2 日本的定义

日本的微电网研究在世界范围内处于领先地位。由于国内能源日益紧缺、负荷日益增长的原因，日本着重于新能源的开发利用。为此日本专门成立了新能源产业技术综合开发机构（New Energy and Industrial Technology Development Organization，NEDO）以统一协调国内高校、企业与国家重点实验室对新能源及其应用的研究。其定义为：微电网是指在一定区域内利用可控的分布式电源，根据用户需求提供电能的小型系统。

东京大学给出的定义为：微电网是一种由分布式电源组成的独立系统，一般通过联络线与大系统相连，由于供电与需求的不平衡关系，微电网可以选择与主网之间互供或者独立运行。

三菱公司给出的定义为：微电网是一种包含电源和热能设备以及负荷的小型可控系统，对外表现为一整体单元并可以接入主网运行；并且将以传统电源供电的独立电力系统也归入微电网研究范畴，大大扩展了 CERTS 对微电网的定义范围。

1.2.3 欧洲的定义

欧盟科技框架计划（Framework Programme，FP）给出的定义为：利用一次能源；使用微型电源，并可冷、热、电三联供；配有储能装置；使用电力电子装置进行能量调节；可在并网和独立两种方式下运行。

英国从可靠性出发，将微电网看成是系统中的一部分，它具有灵活的可调度性且可适时向大电网提供有力支撑等优点，其定义为：微电网是面向小型负荷提供电能的小规模系统，它与传统电力系统的区别在于其电力的主要提供者是可控的微型电源，而这些微型电源除了满足负荷需求和维持功率平衡外，也有可能成为负载。因此许多学者形象地将微电网称为“模范市民（model citizen)”。

1.2.4 加拿大及其他国家的定义

加拿大多伦多大学同样在微电网方面开展了诸多研究，其给出的定义为：微电网是一个含有分布式电源并可接入负荷的完整的电力系统。它可以运行在并网、独立两种模式下。微电网的主要优点在于它加强了供电可靠性和安全性等。将分布式电源统一控制，向负荷提供可靠用电，且在并网与独立运行的切换过程中保证微电网稳定。

新加坡南洋理工大学对微电网的研究在其国内颇具代表性，其给出的定义为：微电网是低压分布式电网的重要组成部分，它包含分布式电源（如燃料电池、风电及光伏发电等）、电力电子设备、储能设备和负荷等，可以运行在并网或独立两种模式下。

韩国的众多高校和科研机构对微电网也展开了多方面的研究，典型的是韩国明知大学成立的智能电网研究中心，其给出的定义为：微电网是由分布式电源、负荷、储能设备、热恢复设备等构成的系统，它主要有以下优点：①可并网运行；②可充分利用电能和热能；③可独立运行。

根据国外微电网定义的特点，结合我国电力系统发展现状及趋势，我国的微电网可定义为：微电网是通过本地分布式微型电源或中、小型传统发电方式的优化配置，向附近负荷提供电能和热能的特殊电网，是一种基于传统电源的较大规模的独立系统；在微电网内部通过电源和负荷的可控性，在充分满足用户对电能质量和供电安全要求的基础上，实现微电网的并网运行或独立自治运行；微电网对外表现为一个整体单元，并且可以平滑并入主网运行。

综上所述，每个国家都是根据本地区的实际需要和科研水平确定微电网的定义的。如美国和欧洲，各项产业发达，但能源紧缺，电力系统结构复杂并且老化，其稳定性及可靠性必然下降。

因此，引入微电网实际上可以理解为是对大型系统的拆分，或者是利用电力电子技术对微型电源加以控制，以实现就地供电、供热。而日本所面临的能源问题更加严重，面对日益增长的用电需求，将目标定位于能源供给多样化、减少污染、满足用户的个性化电力需求。在日本，微电网作为大电网的一部分，其受控程度得到明显加强；而新能源的充分利用使很多偏远地区的供电需求得到满足。

根据以上国家对微电网的定义，可以总结出微电网具有以下特点。

（1）独特性：微电网是由微型电源及负荷构成的小型电力系统，与大系统的主要区别在于其灵活的可调度性。

（2）多样性：微型电源的组成多种多样，既有传统电源，又有可再生能源。同时，微电网中也包含储能设备，作为系统稳定运行的必要条件；而负荷的类型也有很多，如敏感型、非敏感型，可控型、非可控型等。

（3）可控性：根据运行工况的不同，微电网可以选择不同的运行方式，完善的控制策略使得微电网的可靠性得到提高，安全性得到保障。

（4）交互性：作为具备独立发电设备的微电网可以在必要时对主网提供有力支撑；同时主网也可以向微电网提供电能。

（5）独立性：微电网在一定条件下可以独立运行，在一定基础上保障了本地的用电需求。

1.3 微电网的重要意义

我国具有特殊国情，不能完全照搬国外微电网的发展模式，但是我国进行微电网研究是十分必要的，也是非常迫切的。

（1）微电网可以提高电力系统的安全性和可靠性，有利于电力系统抗灾能力建设。

2008年我国南方地区大范围低温雨雪冰冻和汶川特大地震灾害中，电力设施遭受大面积损毁，给社会经济发展和人民群众生活造成严重影响。2008年6月，国务院批准了国家发展改革委、电监会制订的《关于加强电力系统抗灾能力建设的若干意见》（以下简称《若干意见》），要求各地和有关部门分析总结各种自然灾害对电力系统的影响，兼顾安全性和经济性，修订和完善适合中国国情的电力建设标准和规范。《若干意见》中规定，鼓励以清洁高效为前提，因地制宜、有序开发建设小型水力、风力、太阳能、生物质能等电站，适当加强分布式电站规划建设，提高就地供电能力。《若干意见》要求医院、矿山、广播电视、通信、交通枢纽、供水供气供热、金融机构等重要用户，应自备应急保安电源，妥善管理和保养相关设备，储备必要燃料，保障应急需要。

目前，我国电力工业发展已进入大电网、高电压、长距离、大容量阶段，六大区域电网已实现互联，网架结构日益复杂。实现区域间的交流互联，理论上可以发挥区域间事故支援和备用作用，实现电力资源的优化配置。但是，大范围交流同步电网存在大区间的低频振荡和不稳定性，其动态稳定事故难以控制，造成大面积停电的可能性大。另一方面，厂网分开后，市场利益主体多元化，厂网矛盾增多，厂网协调难度加大，特别是对电网设备的安全管理不到位，对电力系统安全稳定运行构成了威胁。与常规的集中供电电站相比，微电网可以和现有电力系统结合形成一个高效灵活的新系统，具有以下优势：无需建设配电站，可避免或延缓增加输配电成本，没有或很低的输配电损耗，可降低终端用户的费用；小型化，对建设场所要求不高，不占用输电走廊，施工周期短，高效性灵活，能够迅速应付短期激增的电力需求，供电可靠性高，同时还可以降低对环境的污染等。

2008 年我国南方地区大范围低温雨雪冰冻和汶川特大地震灾害之所以对电力工业造成如此重大的损失，其中一个原因就是有的负荷中心没有电源点，使得电网在灾害面前大面积停电。而微电网可以提高负荷中心的就地供电能力，从受灾地内部提供电能供应，从而在一定程度上降低停电损失，而且在一定条件下还可以为大电网的黑启动提供电源。因此有必要在国家大电网格局下，积极发展微电网。

（2）微电网可以促进可再生能源分布式发电的并网，有利于可再生能源在我国的发展。

2006 年 1 月 1 日正式生效的《中华人民共和国可再生能源法》，其中特别将可再生能源综合利用的研究列为研究开发的重点领域。而且，可再生能源利用、节能和环保列入了国家中长期科技发展计划和“十一五”发展规划中，是当前国家重点支持的科技攻关和发展领域。然而处于电力系统管理边缘的大量分布式电源并网有可能造成电力系统不可控制、不安全和不稳定，从而影响电网运行和电力市场交易，所以分布式发电面临着许多技术障碍和质疑。微电网可以充分发挥分布式发电的优势、消除分布式发电对电网的冲击和负面影响，是一种新的分布式能源组织方式和结构。微电网通过建立一种全新的概念，使用系统的方法解决分布式发电并网带来的问题。通过将地域相近的一组微能源、储能装置与负荷结合起来进行协调控制，微电网对配电网表现为“电网友好型”的单个可控集合，可以与大电网进行能量交换，在大电网发生故障时可以独立运行。

（3）微电网可以提高供电可靠性和电能质量，有利于提高电网企业的服务水平。

供电可靠性是电力可靠性管理的一项重要内容，直接体现了供电系统对用户的供电能力，是供电系统在规划、设计、基建、施工、设备选型、生产运行、供电服务等方面的质量和管理水平的综合体现。供电的中断，不但会引起工农业生产的经济损失，而且会影响人民的生活和社会的安定。较高的供电可靠性不仅是企业自身发展的要求，也是适应市场、提高企业效益、深化企业优质服务、树立良好的企业形象的需要。供电可靠性指标已成为供电企业对外承诺的重要内容，同时也成为供电企业达标创一流的必达指标。随着经济的发展，负荷密度进一步加大、电力体制的不断改革和社会的不断进步，配电网供电可靠性管理在供电企业中的地位越来越重要，所以提高配电网供电可靠性具有特别重要的意义。伴随社会的进步和人民生活质量的提高，全社会对供电质量和不间断供电的要求日益提高，对停电即使是短时停电都难以承受。因此，采取各种措施努力提高供电可靠性、减少非计划停电时间、加快恢复供电的速度、保持高的电能质量是摆在配电网管理者面前严峻的任务。

微电网可以根据终端用户的需求提供差异化的电能，根据微电网用户对电力供给的不同需求将负荷分类，形成金字塔形的负荷结构。例如，对电能质量和可靠性要求不高的多数负荷，如水泵、照明、娱乐等负荷位于金字塔的底层，而对电能质量和供电可靠性要求极高的少数负荷，如医疗、军事等负荷位于金字塔的顶层。负荷分级的思想体现了微电网个性化供电的特点，微电网的应用有利于电网企业向不同终端用户提供不同的电能质量及供电可靠性。

（4）微电网可以延缓电网投资，降低网损，有利于建设节约型社会。

传统的供电方式是由集中式大型发电厂发出的电能，经过电力系统的远距离、多级变送为用户供电。而微电网采取电能在靠近用户的地方生产并直接为用户供电的方式，即“就地消费”，因此能够有效减少对集中式大型发电厂电力生产的依赖以及远距离电能传输、多级变送的损耗，从而延缓电网投资，降低网损。

节约资源能源已成为世界范围内的共同行动。电网企业在建设能源节约型、环境友好型社会中扮演着重要角色，建设微电网，有利于技术进步，提高电网的技术含量，是打造现代化节能型电网的重要举措，也是国家电网公司主动承担社会责任的具体体现。

(5) 微电网可以扶贫，有利于社会主义新农村建设。

据我国《能源发展“十一五”规划》统计，我国尚有1000多万无电人口，大多数居住在西部地区分散的村落，常规供电方法根本无法满足其用电需求。微电网能够比较有效地解决我国西部地区目前常规供电所面临的输电距离远、功率小、线损大、建设变电站费用昂贵的问题，为我国边远及常规电网难以覆盖的地区的电力供应提供有力支持。

依据不同的作用，需建设不同类型的微电网。表1-1列出了常见的微电网形式。

表1-1　　不同类型的微电网

类　型	公用设施微电网		工业/商业微电网		偏远微电网
	城市电网	农村馈线	多设施	单设施	
应　用	闹市区	计划孤岛	工业园区，大学校园和购物中心	商业楼或者居民楼	偏远社区和地理孤岛
主要驱动力	停电管理，可再生能源整合		电能质量提高，可靠性和能源效益		偏远地区电气化和燃料消耗的减少
优　点	温室气体减少；混合供电；阻塞管理；延迟升级；辅助服务		改善电能质量；服务水平分化；热、电、冷联供；需求侧管理		供电可用度可再生能源整合；温室气体减少；需求侧管理

续表

类　　型		公用设施微电网		工业/商业微电网		偏远微电网
		城市电网	农村馈线	多设施	单设施	
运行方式：依赖主网（GD），自治运行（GI），计划孤岛（IG）		GD，GI，IG		GD，GI，IG		IG
向 GI 和 IG 过渡	故障	故障（临近馈线或者变电站）		主网故障，电能质量问题		—
	预设	维修		能源价格（高峰期），电力系统维修		—

发展微电网，合理利用可再生能源，既是解决能源利用的有效途径，也是治理环境的重要举措，特别是能够免受电力系统突然断电造成的损失。由于投资少、见效快，机动灵活，安全可靠，微电网越来越受到人们的关注，因此我国开展微电网研究是十分必要和非常迫切的。

1.4　微电网国内外的发展状况

欧洲、美国及日本等发达国家和地区目前都已经完成微电网的基础理论研究，初步建立了分布式能源及微电网的模型和仿真分析工具，完成了微电网控制和保护策略、通信协议等，并且通过实验室测试和现场示范工程进行了验证，解决了微电网运行、保护和经济性分析的基本理论问题。未来的研究目标是发展高级控制策略，整合多个微电网同配电管理系统（DMS）的相互作用，进行标准化设计，实现现场实验以进一步验证控制策略在实际微电网中的运行效果，以及微电网对电力系统运行和规划的影响评估等。

下面介绍目前世界各国关于微电网的试验工程[4~6]。

一、北美的微电网研究

首先，由美国电力可靠性技术解决方案协会（CERTS）最早提出的微电网概念，是所有微电网概念中最具代表性的一个。美国CERTS在其微电网概念报告中，对微电网的主要思想以及关键性技术问题进行了详细的概述，说明CERTS微电网两个主要部件：静态开关和自治微型电源，并系统阐述了微电网的结构、控制方式、继电保护以及经济性评价等相关问题。目前，美国CERTS微电网的初步理论和方法已在美国电力公司沃纳特（Walnut）微电网测试基地得到了成功验证。由美国北部电力系统承接的曼德瑞沃（Mad River）微电网是美国第一个微电网的示范性工程，检验了微电网的建模和仿真方法、保护和控制策略以及经济效益等，并初步探讨制定关于微电网的管理条例和法规，成为美国微电网工程的成功范例。同时美国能源部（DOE）在"Grid 2030"发展战略中，已经提出一个以微电网的形式安放和利用微型分布式发电系统阶段性计划，对今后的微电网发展规划进行了较为详尽的阐述。此外，加拿大BC和Quebec两家水电公司已经开始开展"微电网"示范性工程的建设，特别对于微电网的主动孤网运行进行测试，项目的目标是通过合理地安置独立发电装置（Independent Power Producer，IPP）改善用户侧供电可靠性。

美国的微电网由美国能源部（DOE）和加州能源委员会（CEC）共同资助，从2003年起开始正式研究。美国电力可靠性技术解决方案协会（CERTS）是最著名的微电网研究机构，在2003年为美国能源部和加州能源委员会编写的《微电网概念》白皮书中最早提出了微电网的概念。这个概念已经在威斯康辛大学实验室的试验平台中成功得到了检验。为了进一步验证概念的准确性与合理性，CERTS于2006年11月份开始进行微电网的示范工程，在美国电力公司的多兰技术中心搭建微电网试验平台，如图 1－1 所示。

图 1－1　多兰技术中心微电网试验平台布局

二、日本的微电网研究

日本根据本国资源日益缺乏、负荷需求增长迅速的发展现状，开展了微电网的研究。目前，日本已在国内建立了多个微电网工程。近年来，可再生能源和新能源一直是日本电力行业关注的重点之一，为此，新能源产业技术综合开发机构（NEDO）大力支持一系列微电网示范性工程，并鼓励可再生能源和分布式发电技术在微电网中的应用。日本在微电网的网架拓扑结构以及微电网集成控制、热电冷综合利用等方面开展的一系列研究，为分布式发电系统及基于可再生电源的大规模独立系统的应用提供了较为广阔的发展空间。

NEDO 在 2003 年启动了含可再生能源的地区配电网项目，并分别在青森县、爱知县和京都县建立了 3 个微电网示范工程。

位于青森县八户市的示范工程如图 1－2 所示。该工程全部采用可再生能源（风能、太阳能和生物质能）供给电能和热能。该工程电源包括生物质燃气发电机 3×170kW，铅酸蓄电池组 2×50 kW，光伏发电 80 kW，风力发电 20 kW，共 710 kW。负荷包括：市政厅 360 kW，4 所中小学 205 kW，八户供水管理局 38 kW，共 603 kW。整个微电网通过公共连接点（PCC）与外部大电网连接。在 9 个月的运行期间，由于建立微电网使可再生能源利用系数增加，从大电网的购电量减少，CO_2 排放量也大幅度降低。在为期 1 周的独立运行期间，系统频率基本维持在（50±0.5）Hz 范围内，较好地实现了系统的稳定运行。

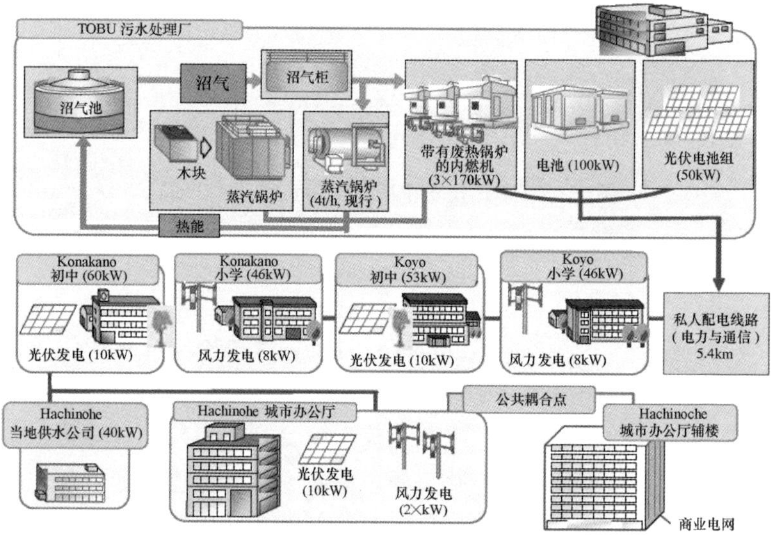

图 1－2　青森县微电网示范工程

日本在京都县建立了京都经济能源工程，于 2005 年 12 月开始运行。这个系统的电源包括：光伏发电 50 kW，风力发电 50 kW，生物发电 5×80 kW，一个 250 kW 的熔融碳酸盐燃料电池（MCFCs）

和一个 100 kW 的蓄电池组。能量控制中心通过电信网络与分布式电源进行通信，从而控制能量平衡的供需要求。一旦出现能量的不平衡，可以在 5min 内进行调节，而且计划未来要进一步缩短时间。

在仙台，新能源产业技术综合开发机构（NEDO）也建立了一个电能质量可靠性服务的示范工程，已在 2006 年完成。这个工程旨在研究多个电能质量的可靠性可以同时满足一系列用户的需求。除此之外，私人企业和部门也展开了微电网的研究。例如清水公司与东京大学联合开发微电网的控制系统，已经在东京的研究中心建立了试验工程。在日本，微电网的技术体系主要集中在当维持传统电网供电时如何利用新能源发电，以及如何提供多重的电能质量可靠性。微电网的多领域研究正在检验微电网技术的可行性，但是清洁经济和环境效益还没有被考虑进去。微电网的经济评价方面仍然面临许多挑战。

三、欧盟的微电网研究

从电力市场自身需求、电能安全供给以及环境保护等方面综合考虑，欧洲在 2005 年提出了“智能电网（Smart Grid）”的目标，并在 2006 年出台该计划的技术实现方案。作为欧洲 2020 年及后续的电力发展目标，该计划指出未来欧洲电网应具有灵活、可接入、可靠和经济等特点。基于此，欧洲提出要充分使用分布式发电系统、智能技术、先进电力电子技术等实现集中式供电与分布式发电的高效整合，并积极鼓励独立运营商和发电商参与电力市场交易，快速推进电网技术的发展。微电网以其智能型、清洁高效以及能量的多级多元化应用等特点，必将成为欧洲未来电网发展的重要组成部分。

目前，欧盟主要资助和推进两个微电网项目：Microgrids 和 More Microgrids，旨在通过拓展和发展微电网的概念增加微型发电装置的渗透率，已初步形成微电网的运行、控制、保护、安全以及通信等基本理论，并相继在希腊、德国、西班牙建立了不同规模的微电网实验平台。其中德国太阳能研究所（ISET）建成的微电网实验室规模最大，容量达到200kVA，并在其实验平台上设计安装了简单的能量管理系统。而未来欧盟研究将主要集中于可再生微型发电系统的控制策略和微电网的规划、多微电网管理运行优化工具的研发，技术和商业化规范的制定，示范性微电网测试平台的推广，电力系统运行性能的综合评估，以便为分布式发电系统和可再生能源系统大规模并入微电网以及传统电网向智能电网的过渡做好铺垫。

欧盟科技框架计划（Framework Programme，FP）是当今世界上最大的官方科技计划之一，具有研究水平高、涉及领域广、投资力度大、参与国家多等特点。欧盟第五框架计划（1998～2002年）资助了微电网的开拓性研究，形成了一个以雅典国立科技大学为首，来自7个欧盟成员国的14个组织的庞大的研究团队。研究成果包括：①完成了分布式能源建模和稳态、动态分析软件；②形成了微电网独立和并网运行原则、控制算法、本地黑启动策略；③明确了分布式能源接口响应及其智能化的必要条件以及可靠性量化的方法；④完成了微电网接地和保护方案以及多种功能的实验室规模的微电网。随后在欧盟第六框架计划（2002～2006年）的资助下，研究团队进一步扩大，包括Siemens、ABB在内的制造商以及部分欧盟成员国的电力企业和研究团队，研究的对象也发展到多个微电网并列运行，目标是实现多个微电网在电力市场环境下的技术和商业接入。与此同时，欧盟也建立了多个微电网示范工程。希腊的CRES公司建立了基斯诺斯岛微电网工程，如图1-3所示。

该微电网位于爱琴海南部的基克拉泽斯群岛，为12户居民供电。电源包括10 kW的光伏电池、53 kWh的蓄电池组和一个5 kW的柴油机组。另外约2 kW的光伏电池安装在控制系统建

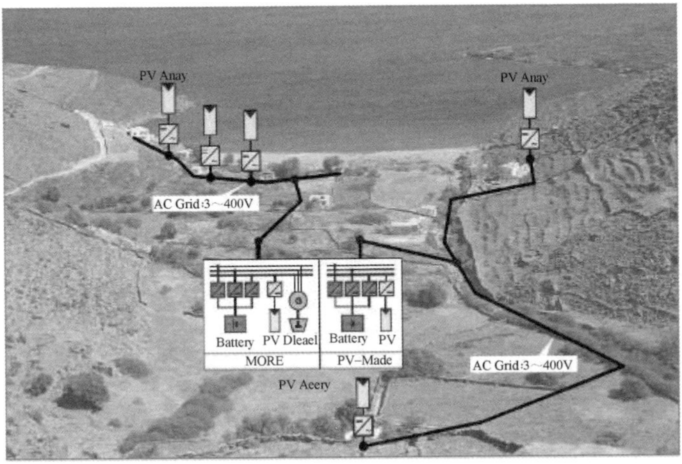

图1-3 基斯诺斯岛微电网试验工程

筑的楼顶上，通过SMA逆变器和32 kWh的蓄电池组为监测和通信提供电源。住宅区的电力供应是通过3个并联的SMA电池逆变器组形成一个可靠的单向回路。电池逆变器组能够工作在频率下垂模式：当蓄电池组处于低电能状态下可以允许信息流向开关负荷控制器；当蓄电池组处于饱和情况下可以限制光伏逆变器组的功率输出。

荷兰的Continuon公司在Bronsbergen的假日公园里建立了一个微电网工程。这个地区有超过200住户，光伏发电为315 kW。住户使用4条约400m的馈线与中/低压变压器相连，当白天负荷较低时，光伏发出的大部分功率注入中压网络中；在晚间从网络输出以供所需。在光伏发电时，馈线末端的高电压和较大的电压畸变都已经被考虑进去。另外在微电网运行在孤岛的模式下，电能质量的改善可通过电力电子器件和储能来解决。

德国的MVV Energie公司在一个大约1200户居民的生态区Mannheim-Wallstadt建立了多个微电网的长期试验点。光伏发电为 30 kW，计划未来投入更多的分布式电源。该试验的第一个目标是进行用户侧负荷管理。在 2006 年夏季的两个月时间内，超过 20 户居民和一个托儿中心加入一个名为“与阳光共浴”的工程中。由于光伏发电的信息可以被用户们获取，所以当用户直接利用光伏电池发电时，可以根据情况转移负荷。结果显示，用户都显著地转移了负荷：从夜间的高峰时段转向白天的太阳强辐射时段，从阴天时段转向晴天时段。

另外，丹麦的 OESTKRAFT 公司、意大利的 CESI 公司、葡萄牙的 EDP 公司和西班牙的 LABEIN 公司都在各自国家建立了微电网的试验点，进行微电网的研究。

这些研究成果已经成为欧盟“智能电网——欧洲未来电网的展望和战略”的重要组成部分。智能电网计划在 2005 年启动，旨在完成对 2020 年之后欧洲电网发展的展望和战略部署。作为欧洲未来电网发展的纲领性目标，智能电网计划中未来电力系统的主要框架结构是集中式发电和远距离输电骨干网、地区输配电网、以微电网为核心的分布式发电系统相结合的统一体，能节省投资、降低能耗、提高能效，提高电力系统的可靠性、灵活性和供电质量，能够使欧洲电网满足 21 世纪的挑战和机遇，满足社会、环境及政治对能源的需求。

四、其他国家微电网建设情况

加拿大与微电网相关的研究主要集中在中压配网。研究机构所受到的资助来自两部分：一是加拿大联邦政府通过自然科学工程研究委员会或加拿大自然资源部；二是地区政府，例如安大略省研究与改革厅。加拿大与微电网相关的研究主要集中在以下几个方面：一是边远地区的供电问题；二是计划孤岛运行；三是城市电网如何作为“好市民”。

韩国在 2007 年 6 月 1 日成立了以高校为主的智能微电网研究中心，计划研究周期为 4 年。研究总经费为 272 万美元。研究的目标为：①研究配电技术；②研究电力变换器技术；③开发控制与通信技术；④进行微电网的仿真及模型开发；⑤进行微电网的硬件开发。同时韩国又成立了电力信息科技研究工程中心，进行名为微电网综合能量管理系统的开发。这项工程自 2007 年成立，计划至 2012 年结束，获得 1465 万美元的研究资助。研究目标包括微电网高可靠性和高效性的技术开发以及城市农村试验点的关键设备开发。

新加坡在 2007 年提出了新的能源决策框架，新加坡的国家能源决策报告明确提出要加强科研的能力和强化能源研究。在此基础上，新加坡开展了与微电网相关的研究，其研究的主要内容包括：微电网的孤网和并网的运行模式；远程监控与智能控制；建立微电网和分布式电源研究的试验平台。

从各国对未来电网的发展战略和对微电网技术的研究与应用中可以清楚看出，微电网的形成与发展绝不是对传统集中式、大规模电网的革命与挑战，而是代表着电力行业服务意识、能源利用意识、环保意识的一种提高与改变。微电网是未来电网实现高效、环保、优质供电的一个重要手段，是对大电网的有益补充。

五、我国的微电网研究

我国对微电网的研究尚处于起步阶段，在国家科技部“863 计划先进能源技术领域 2007 年度专题课题”中已经包括了微电网技术。目前清华大学、中国科学院电工研究所、天津大学、河海大学、东南大学等单位相继开始了对微电网的研究。清华大学与辽宁高科能源集团合作，在国内率先将微电网应用到实际工程中，积累了丰富的实践经验和学术成果。中国科学院电工研究所的研究课题“分布式能源系统微电网技术研究”获得了国家 863 高技术基金的资助，天津大学的研究课题“分布式发电供能系统相关基础研究”获得了国家 973 计划项目的资助；河海大学与英国格拉斯哥卡里多尼亚大学有着密切的学术合作交流，并共同开展微电网的研究。目前国内对微电网的研究取得了一定的进展，但与欧洲、美国及日本等由研究机构、制造厂商和电力公司组成的庞大研究团队相比，我国在研究力量和取得的成果上仍与之存在较大差距，因此有必要进一步开展微电网关键技术的研究，促进微电网在我国的应用。

目前国内外建成和在建的部分微电网示范系统见表1-2。

表1-2　国内外部分微电网示范系统

微电网示范系统	资助和运行机构	地理位置	说　明
CERTS test bed	CERTS，AEP，CEC，LBNL，NPS等	美国俄亥俄州哥伦布市沃纳特测试基地	480V系统，包括3个60kW MT，有三条馈线，其中两条含有微型电源并能孤网运行。这两条中的一条馈线上带有两个微型电源，通过170m电缆间隔；另一条馈线上带有一个微型电源，这样可以进行微型电源并行运行的测试。用于测试微电网各部分的动态特性
Mad River Park	NPS（20%）；NREL（80%）	美国范特蒙特	6个商业和工业厂区，12个居民区，280kW、100kW发电机，30kW MT，PV。接入7.2kV配网。既可孤网运行，也可联网运行
Sandia National Laboratories	Sandia National Laboratories	美军基地	以某军事基地作为示范，然后推广到全美军事和民用场合
NTUA Power System laboratory facility	NTUA	希腊国立工业大学	包括两极，每极包含1kW风力发电、1kW PV和250Ah蓄电池，每极可以通过与大电网互联形成微电网，或通过低压线路相连并在一端接入大电网而形成两母线的微电网。应用多代理技术进行微型电源和负荷的控制

续表

微电网示范系统	资助和运行机构	地理位置	说　明
LABEIN microgrid	（资料不详）	西班牙德里奥	通过两个1000kVA和451kVA的变压器连接到30kV中压网络，0.6kW和1.6kW单相PV，3.6kW三相PV，两组55kW柴油机，50kW MT，6kW风力发电机；250kVA飞轮储能，2.18MJ超级电容，1120Ah和1925Ah蓄电池储能；55kW和150kW电阻负荷，两个36kVA电感负荷。用于测试联网运行时集中和分散控制策略及电力市场中的能量交易
Kythnos Islands Microgrid	ISET；Municipality of Kythnos；CRES	希腊基斯诺斯岛	提供12户岛上居民用电，400V配网，包含6台光伏发电单元，共11kW，1座5kW柴油机，1台3.3kW/50kWh蓄电池/逆变器系统。目前只能孤网运行，研究目标是微电网运行控制以提高系统满足峰荷能力和改善可靠性
EDP’s Microgeneration facility	EDP	葡萄牙	连接到400V低压网络的天然气站电网，具有80kW MT，多余电力可送往10kV中压网，或供当地低压农村电网（3.45～41.5kVA），既可联网运行也可孤网运行
Continuon’s MV/LV facility	Germanos EMforce	荷兰阿纳姆	用于度假村，共四条380V馈线，每条长约400m。以光伏发电为主，共装335kW光伏发电单元。既可孤网运行，也可联网运行。主要用于含有储能系统的微电网孤网运行性能的测试

续表

微电网示范系统	资助和运行机构	地理位置	说　明
Manheim Microgrid	MVV Energie	德国慕尼黑	位于居民区，包含六台光伏发电单元，共 40kW；计划继续安装数台微型燃气轮机。将对基于代理的分散控制进行测试，并进行社会、经济效益评估
CESI RICERCA test facility	CESI	意大利米兰	具有 PV、MT、柴油机、MCFC 等微型电源，并配有蓄电池、飞轮等储能方式，可组成不同的拓扑结构，进行稳态、暂态运行过程测试和电能质量分析
Bornholm Microgrid	ELTRA	丹麦	计划对 150kV 的多微电网进行研究，包括多微电网的建模、负荷和发电预测、基于潮流计算的安全运行准则、运行过程的仿真、有功和无功平衡、黑启动和重新并网研究等
Boston Bar IPP	BC Hydro，Hydro Quebec	Boston Bar，加拿大	该区域通过 69/25kV 变电站供电，通过 60km 的 69kV 线路连接到 BC Hydro 高压系统。当地电力供应 Boston Bar 有两台 3.45MW 水力发电机，峰荷为 3.0MW。根据 BC Hydro 的准则，进行孤网运行测试
Aichi project	NEDO	2005 爱知县世博会，最近移到 Central Japan Airport City	270kW 和 300kW MCFCs，25kW SOFC，4 个 200kW PAFC，330kW PV，NaS 蓄电池储能。目标是 10min 内供需不平衡控制在 3%以内，于 2007 年 9 月进行了第二次孤网运行实验

续表

微电网示范系统	资助和运行机构	地理位置	说　明
Kyotango project	NEDO	日本京都	400kW 燃气轮机，250kW MCFC，100kW 铅酸蓄电池。较远的地区配有两个 PV 系统和 50kW 小型风机。与大电网连接并通过中央控制系统控制，目标为 5min 内供需不平衡控制在 3%以内
Hachinohe project	NEDO	日本八户	污水处理厂配有 3 个 170kW 燃气轮机，50kW PV，发出电力通过 5km 的私营配线输送到 4 个学校、水利局办公楼和市政办公楼。学校内也有小型风机和 PV，控制目标是 6min 内供需不平衡控制在 3%以内。在测试过程中，该目标完成率为 99.99%。在 2007 年 11 月孤网运行一周
Sendai system	NEDO	日本仙台	两个 350kW 燃气轮机，一个 250kW MCFC，不同的电能质量要求的负荷及相应的补偿设备。可以提供不同等级的电能质量。2007 年夏天开始运行
Tokyo Gas microgrid	Tokyo Gas	Yokohama Research Institutes，日本	共 100kW，包括燃气轮机、CHP、PV、风力发电和蓄电池储能
Shimizu Corp. microgrid	Shimizu Corp.	日　本	小型微电网，包含燃气轮机、PV 和蓄电池。侧重负荷跟踪技术研究
南方冷热电微电网示范性工程	南方电网公司	深　圳	基于 3 台燃气轮机的冷热电三联供深圳科技园微电网示范工程
北方冷热电三联供示范性工程	中电投资公司	内蒙古	基于两台燃气轮机的冷热电大盛魁三联供微电网示范工程

1.5 微电网中的关键技术及相关研究

1.5.1 微电网的运行

微电网系统有与外部电网并网运行和孤网运行两种运行模式。

并网模式是指正常情况下，微电网与常规电网并网运行时向电网供出多余的电能或是由电网补充自身发电量的不足。通过微电网的实验平台验证：在合理的控制策略下，微电网可以并网或孤网运行，并可实现两种运行状态的平滑过渡和转换。

孤网运行是指当检测到电网故障或是电能质量不满足要求时，微电网可以与主网断开形成孤岛模式，由 DGS 向微电网内的负荷供电。正由于微电网的孤网运行，才为系统提供了更高的可靠性和供电的不间断性。

通过 PSCAD/EMDTD 或是 Matlab/Power Simulink 等软件建立起微电网的动态模型，针对电磁暂态特性以及主动（intentional）与被动（unintentional）隔离情况下的孤网运行状况进行可行性研究，结果表明基于电力电子接口的分布式发电系统以及储能元件可以确保微电网运行模式转化的平滑性，减少孤网运行时暂态影响并保证功角稳定性和电压质量。

1.5.2 微电网的控制

微电网相对主网可作为一个模块化的可控单元，对内部可以提供满足负荷用户需求的电能，实现这些功能必须具有良好的微电网控制和管理，主要控制设备有分布式发电系统控制器、可控负荷管理器、中央能量管理系统、继电保护装置。微电网的运行控制应该做到能够基于本地信息对电网中的事件作出快速、独立的响应，当微电网内出现电压跌落、故障、停电等问题时，微型分布式发电系统应该利用本地信息自动有效地转换到独立运行方式，不再接受传统方式的统一调度。

一般来说，微电网控制的主要目标是：

（1）调节微电网内的馈线潮流，对无功和有功进行独立解耦控制；

（2）可以调节每个微型电源接口处的电压，保证电压的稳定性；

（3）孤网运行时，确保每个微型电源能快速响应，分担用户负荷；

（4）根据故障情况或是系统需要，平滑自主地实现与主网分离、并列或是两者的过渡转化。

目前，主要的微电网控制方法[7~9]包括以下几个。

（1）基于电力电子技术的即插即用（Plug and Play）和对等（Point to Point）的控制。该方法根据微电网控制目标，灵活选择与传统发电机相似的下垂特性曲线（Droop Character）作为微型电源的控制方式，利用频率有功下垂曲线将系统不平衡的功率动态分配给各机组来承担，保证孤网下微电网内电力供需平衡和频率的统一，具有简单可靠的特点。但是目前，该方法还没有考虑到系统电压与频率的恢复问题，即传统发电机的二次调频问题。因此，当微电网遭受到严重的破坏或是干扰时，系统很难保证频率质量。另外，该方法是针对电力电子技术的微型分布式发电系统控制，没有考虑传统发电机如小型燃气轮机或柴油机与微电网之间的协调控制。

（2）基于功率管理系统的控制。该方法采用不同的控制模块对有功、无功分别进行控制，较好地满足了微电网 P/Q、U/f 等多种控制方式的要求，尤其是在调节功率平衡时，加入了频率恢复算法，可以很好地满足频率质量的要求。另外，针对微电网中对无功的不同需求，功率管理系统采用了多种控制方法并加入无功补偿器，进而提高控制的灵活性并提高了控制性能。但该方法尚未考虑含有励磁系统和调速系统的常规发电机与含电力电子接口的分布式发电系统间的协调控制。

（3）基于多代理技术的微电网控制。该方法将传统电力系统中的多代理技术应用于微电网控制系统。代理的自治性、响应能力、自发行为等特点正好满足微电网分散控制的需要，提供了一个能够嵌入各种控制且无需管理者经常参与的系统。以典型的AEN（Autonomous Electricity Networks）的三级控制结构为例，一级保证微电网可靠运行，从而满足供需平衡；二级结构优化电能质量并减少电压、频率波动；三级结构经济优化即边际成本等值优化。但是，目前多代理技术在微电网中的应用多集中于对微电网中频率、电压等进行控制的层面。要使多代理技术在微电网的控制中发挥更大的作用，还需大量的研究工作。

美国通用电气（GE）公司是另外一个微电网研究机构，在美国能源部的资助下也开始建立微电网示范工程。这项工程旨在开发和检验微电网的能量控制管理系统框架，为微电网更广泛的应用提供统一的控制、保护和能量管理标准，如图1-4所示。目前这项工程已经进行到了第二阶段。同时美国也积极对微电网在军事领域中的应用开展研究，在军事基地内建立能量保证工程（Energy Surety Project），以提高国防工程的供电可靠性。

美国能源部将微电网视为未来电力系统的三大基础技术之一，并列入美国“Grid 2030——电力下一个百年的国家展望”计划中。该计划于2003年7月提出，是美国电力改革的纲领性文件，主要对美国未来电力系统进行展望，并确定各项研究开发工作的阶段性目标。微电网将是美国未来发展的目标。

未来微电网控制系统的研究方向应集中于如下几个方面。

（1）不同种微型分布式发电系统的运行和控制，包括间歇式和可控式以及常规模式和基于变流器模式。

（2）微电网在独立运行模式与并网运行模式下，智能型频

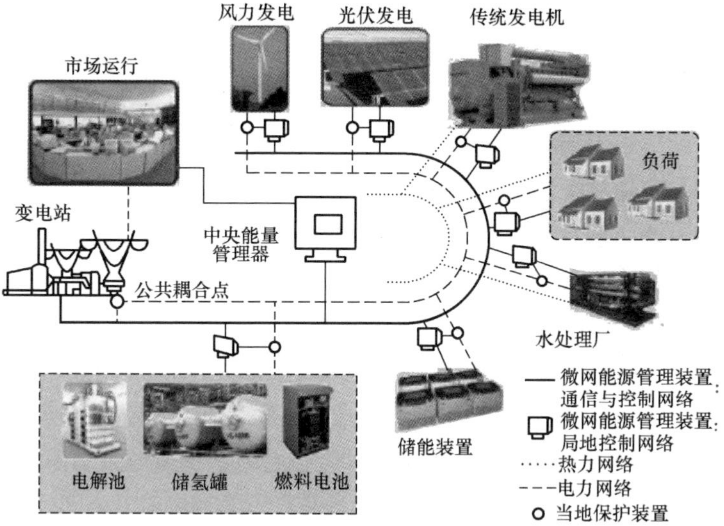

图 1-4 GE 微电网能量控制管理框架

率、电压控制策略的可行性研究。

(3) 微电网的分散控制方法以及多分散控制器的协调优化算法，要求每个分布式发电系统根据自己局部的相关信息进行独立的电压调节和频率控制，并按照特定的目标函数优化多个分散控制器的性能，使得系统的总体性能得到最优，并满足各种运行环境下对电压和频率控制的要求。

1.5.3 微电网的继电保护

微电网的保护与传统保护方式有着根本上的不同[10]：

(1) 潮流的双向流通；

(2) 微电网在并网和孤网运行两种情况下，由于馈线上分布着多个分布式发电系统，短路电流大小有很大不同。

因此，如何在两种运行状态下，对微电网内部故障作出响应以及在并网情况下快速感知主网的故障，同时保证保护的选择性、快速型、可靠性与灵敏性，是微电网保护技术的关键和难点。在孤网情况下，微电网内分布式电源所能提供的故障电流大小仅为正常电流的两倍或更小，传统的电流保护装置已不能作出正常响应或是需要几十秒才能作出反应，这已经无法满足微电网保护的要求，因此需要采用更为先进的故障诊断方式。目前，针对单相接地故障与线间故障，有专家提出了对称电流分量检测的保护策略。该方法可以以超过一定阀值的零序电流分量和负序电流分量作为主保护的启动值，与传统过电流保护相结合，取得良好的效果。对于微电网主动孤网的情况，可以利用三相电压源变流器进行主动式孤岛检测技术。通过电压源的电流控制器的 d 轴，或是 q 轴对系统注入一个扰动信号，进行检测。通过对 d 轴注入信号能调节电压的幅值，但是这种方法会对系统造成频率偏移。

发电机和负荷类型、容量对于保护的深刻影响，各种类型分布式发电系统（传统小型发电机与基于换流器的微型电源）、储能元件对保护的影响，以及微电网在两种不同运行方式和不同拓扑网架结构下对于保护的影响等问题均是未来微电网保护策略中值得研究的问题。

1.5.4 微电网的经济性

微电网的经济性是微电网技术推广和发展的重要依据。在经济性运行方面，微电网可以在调度原则、电能交易、资源优化配置方面参考大电网运行的知识与经验，进行优化设计。更重要的是，微电网本身具有很多独特的优势，比如针对网内不同用户要求，提供不同水平的电能质量和可靠性服务，向外馈送电能甚至提供黑启动能力等辅助服务等。从目前的研究来看，微电网技术经济性主要体现在以下三个方面。

（1）微电网本身的投资及运行的优化。微电网优化可以从微电网的能量管理系统完成。能量管理系统使用当地信息来满足当地的热、电、冷的需求、电能质量的要求、主网的特殊要求、需求侧管理要求等，从而决定微电网分布式发电系统的配置运行以及配网所需提供的电能总量。

(2) 微电网经济效益评估和量化。微电网的经济效益评估和量化是微电网投资及运行的直接表现方式和衡量手段。目前，尚无有效方法将微电网对用户、电力部门以及社会效益全面量化。随着微电网研究的不断深入发展，微电网经济量化的不确定性将成为重要的研究课题。

(3) 微电网中新的经济特性。微电网的经济最优化问题和传统电网有着很大的不同，微电网中的分布式发电单元、电力电子控制设备和储能元件改变了配电网的网架结构以及潮流特性，致使微电网规划不仅要满足电网规划的要求，还要考虑到微电网自身的一些新特性。

参考文献

[1] Lassetter R, Akhil A, Marnay C, et al. The CERTS Micro Grid Concept [EBOL]. CERTS. http://certs. lb. l gov/pdf/50829. pdf, 2006-09-12.

[2] 鲁宗相，王彩霞，等. 微电网研究综述 [J]. 电力系统自动化，2007. 31 (19): 100～106.

[3] 赵宏伟，吴涛涛. 基于分布式电源的微网技术 [J]. 电力系统及其自动化学报，2008. 20 (1): 121～128.

[4] Nikos Hatziargyriou, Hiroshi Asano, et al. An Overview of Ongoing Research, Development, and Demonstration Projects [J]. IEEE power and energy magazine, 2007: 79～94.

[5] Benjamin Kroposki, Robert Lasseter, et al. A Look at Microgrid Technologies and Testing, Projects from Around the World [J]. IEEE power and energy magazine, 2008: 41～53.

[6] B. Lasseter. Microgrid. [Distributed power generation]. In IEEE Power Engineering Society Winter Meeting, 2001, volume 1, 146 ～ 149,

Columbus，Ohio，Feb. 2001.

[7] Iravani R，Control and protection requirements for microgrid [EB/OL]， [2006 - 10 - 23]. http：//www. energy. ca. gov/pier/conferences+seminars/2006 - 06 - 23 _ microgrids _ montreal/presentation/Presentation _ 2 _ Iravan.

[8] Piagi P，Lasseter R H. Autonomous control of microgrids [C]. Power Engineering Society General Meeting，IEEE. 2006：8～15.

[9] Dimeas A. L，Hatziargyriou N. D. A MAS architecture for microgrids control [C]. Proceedings of the 13th International Conference on Intelligent Systems Appliacation to Power System，IEEE，2005：402～406.

[10] H Al - Nasseri，M A Redfern，F Li. A Voltage based Protection for Microgrids containing Power Electronic Converters [J]. Power Engineering Society General Meeting，2006. IEEE. 18 - 22 June. 2006，pp. 1～7.

微电网的元件和结构

2.1 微电网的总体结构

微电网的基本结构如图 2-1 所示，图中包含了多个 DG 和储能元件，这些系统和元件联合向负荷供电，整个微电网相对大电网来说是一个整体，通过一个断路器和上级电网的变电站相连接[1,2]。微电网内的 DG 可以含有多种能源形式，包括可再生能源发电（如风力发电、光伏电池等）、不可再生能源发电（如微型燃气轮机等），另外还可通过热电联产或是冷热电联产的形式向负荷用户供热或制冷，提高能源多级利用的效率[3]。

图 2-1 中的微电网包括 3 条馈线 A、B 和 C，整个网络呈放射状。馈线通过微电网主隔离装置（一般是静态开关）与配电系统相连，可实现孤网与并网运行模式间的平滑无缝转换。其中 A 和 B 为敏感负荷（重要负荷），安装有多个 DG，馈线 A 中含有一个运行于热电联产的 DG，该 DG 向用户提供热能和电能。馈线 C 为非敏感性负荷，孤网情况下微电网内部过负荷运行时，可以切断系统对 C 的供电。当外界大电网出现故障停电或电力质量问题时，微电网可通过主断路器切断与电网的联系，孤网运行。此时，微电网的负荷全部由 DG 承担，馈线 C 继续通过母线得到来自主网的电能并维持正常运行。如果孤网情况下无法保证电能的供需平衡，可以断开馈线 C，停止对非重要负荷供电。当

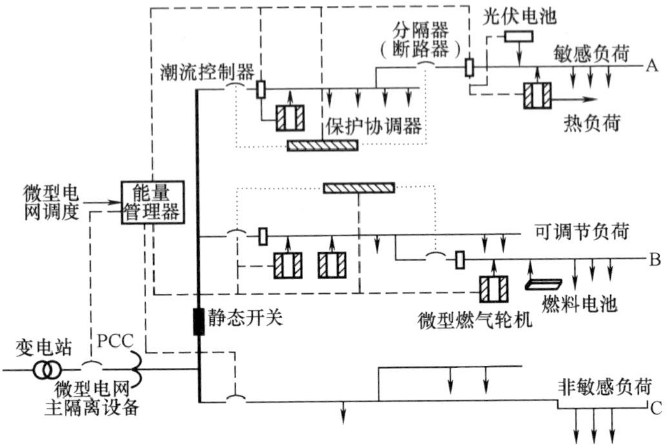

图 2-1 微电网的基本结构

——— 电力传输线；- - - - - 信息流；········ 保护信息传输线

故障消除后，主断路器重新合上，微电网重新恢复和主电网功角同步运行，保证系统平稳过渡到孤网前的运行状态。

在微电网的这种结构下，多个 DG 局部就地向重要负荷提供电能和电压支撑，这在很大程度上减少了直接从大电网买电和电力线传输的负担，并可增强重要负荷抵御来自主网故障影响的能力。

此外，在大电网发生故障或其电能质量不符合系统标准的情况下，微电网可以以孤网模式独立运行，保证微电网自身和大电网的正常运行，从而提高供电可靠性和安全性。因此，孤网运行是微电网最重要的能力，实现这一性能的关键在于微电网与大电网之间的电力电子接口处的控制环节——静态开关。该静态开关允许在接口处灵活可控地接收或输送电能。从大电网的角度看，微电网如同电网中的发电机或负荷，是一个模块化的整体单元。另一方面，从用户侧看，微电网是一个自治运行的电力系统，它可以满足不同用户对电能质量和可靠性的要求。

2.2 微电网的元件

这里微电网的元件主要有开关、微型电源、储能元件、电力电子装置和通信设施等。

微电网中的开关可分为用于隔离微电网与大电网的静态开关和用于切除线路或微电源的断路器。静态开关，又叫固态转换开关，在故障或者扰动时，有能力自动地把微电网隔离出来，故障清除后，再自动地重新与主网连上。静态开关安装在用户低压母线上，其规划设计非常重要，应确保有能力可靠运行和具有预测性，有能力测量静态开关两侧的电压和频率以及通过开关的电流。通过测量，静态开关可以检测到电能质量问题，以及内部和外部的故障。而当同步性标准可以接受时，使微电网和主网重新连上。静态开关也被纳入各种智能控制水平，其连续监控耦合点的状态。

微型电源指安装在微电网中的各分布式电源，包括微型燃气轮机、柴油发电机、燃料电池，以及风力发电机、光伏电池等可再生能源。

常用的储能设备包括蓄电池、超级电容器、飞轮储能等。储能设备的主要作用在于，在微型电源所发功率大于负荷总需求时，将多余的能量存储在储能单元中，反之，将存储在设备中的能量以恰当的方式释放出来及时供电以维护系统供需平衡；当微电网孤网运行时，储能设备是微电网能否正常运行的关键性元件，它起到一次调频的作用。储能设备的响应特性以及由微型电源及储能设备组成的微电网的外响应特性值得深入研究。

电力电子器件主要包括整流器、逆变器、滤波器以及斩波器等。

2.3 微型电源及其特性

微型电源的类型主要是微型燃气轮机、燃料电池（可控微型电源）、光伏电池、风力发电机等。

一、微型燃气轮机技术[4]

微型燃气轮机是以天然气、甲烷、汽油、柴油为燃料的超小型汽轮机。其发电效率可达 30%，如实行热电联产，效率可提高到 75%以上。微型燃气轮机的特点是体积小、质量轻、发电效率高、污染小、运行维护简单。它是目前最成熟、最具有商业竞争力的分布式发电电源。

二、燃料电池技术[5]

燃料电池的工作原理是富含氢的燃料（如天然气、甲醇）与空气中的氧气结合生成水，氢氧离子的定向移动在外电路形成电流，类似于电解水的逆过程。它并不燃烧燃料，而是通过电化学过程将燃料的化学能转化为电能。通常，燃料电池发电厂主要由三部分组成：燃料处理部分、电池反应堆部分、电力电子换流控制部分。

目前已研究开发了五种燃料电池：聚合电解质膜电池（PEM）、碱性燃料电池（AFC）、磷酸型燃料电池（PAFC）、固体电解质燃料电池（SOFC）和熔融碳酸盐燃料电池（SOFC）。其中 PAFC 是目前技术成熟且已商业化的燃料电池。

燃料电池具有巨大的潜在优点：①其副产品是热水和少量的二氧化碳，通过热电联产或联合循环综合利用热能，燃料电池的发电效率几乎是传统发电厂发电效率的 2 倍；②排废量小（几乎为零）、清洁无污染、噪声低；③安装周期短、安装位置灵活，可以省去配电系统的建设。

三、光伏电池技术

光伏电池是将可再生的太阳能转化成电能的一种发电装置。

国外开发的屋顶式光伏电池发电技术已得到广泛的关注。德国最著名的2000户屋顶工程（2000 Roof Project），超过2000户家庭安装了屋顶式光伏发电装置，平均每个分布式发电单元发电量达3kW。虽然光伏电池与常规发电相比有技术条件的限制，如投资成本高、系统运行的随机性等。但由于它利用的是可再生的太阳能，因此其前景依然被看好。

四、风力发电技术

风力发电机组从能量转换角度分成两部分：风力机和发电机。风速作用在风力机的叶片上产生转矩，该转矩驱动轮毂转动，通过齿轮箱高速轴、刹车盘和联轴器再与异步发电机转子相连，从而发电运行。它最有希望的应用前景是用于无电网的地区，为边远的农村、牧区和海岛居民提供生活和生产所需的电力。风力发电技术在新能源领域已经比较成熟，经济指标逐渐接近清洁煤发电。

微型电源表现出来的结构特点主要是：

(1) 有些微型电源的输出频率明显高于工频（50Hz）（如微型燃气轮机转速可达到50 000～100 000r/min），或是产生直流电（如燃料电池和光伏电池板等），考虑到绝大多数是工频电负荷，这些微型电源必须通过整流逆变等电力电子设备转变成工频电再与负荷相连。

(2) 与传统的系统电源相比，微型电源是一个小惯性电源，当负荷需求发生变化时，微型电源的反应时间比较长（10～200s），不能实时地跟踪负荷变化，系统中必须有储能设备以便负荷发生变化时及时供电或存储多余电能，保证微电网系统内负荷的供需平衡。

(3) 不可控微型电源（如风力和光伏发电）的出力受自然条件的影响很大。

基于微型电源以上特点，而电力系统中电能必须时刻保持平衡，因此，微电网的结构理论中，对微型电源系统的响应特性和不可控微型电源的自然特性分析非常重要，是促进微电网研究的基础性研究工作。

2.4 微电网接线形式

低压线路的接线方式有放射式、树干式、环形等。微电网包括若干条馈线，整个网络呈放射状。馈线通过微电网主隔离装置（一般是静态开关）与配电系统相连，可实现孤网与并网运行模式间的平滑无缝转换。

微电网接线形式具有其独特之处。首先，微电网可按负荷的重要程度以及负荷对电能质量的不同要求，分别接入不同的馈线，从而实现对负荷的分级分层控制。其次，微电网中分布式电源接入馈线中，使线路中的功率变为双向流，为微电网的控制、保护带来了新的问题。

2.5 微电网的负荷

微电网负荷分为电负荷和热（冷）负荷。并网运行模式下，电力配电系统通常被认为是电气“松弛母线”，即平衡节点，以供应/吸收微电网产生的不平衡功率，维持净功率平衡。但是如果基于运行策略或者是合同义务，净输入/净输出已经达到硬性限制（hard limits），微电网内部也可以采取切负荷或者是切电源方案[6]。

孤网运行模式下，经常会采用切负荷/切电源方案以维持功率平衡，从而稳定微电网电压/角度。运行策略必须保证微电网对关键负荷的服务优先。微电网运行应该满足用户服务分化，改善特殊负荷的电能质量以及提高特殊类别负荷的可靠性。同时，也应该实行负荷控制，通过减少峰荷和负荷变动的范围，优化可调度 DG 单元的额定容量。

在实践中，部分非敏感负荷也被认为是可控负荷，将其归入需求反应控制范围以减少峰荷或者是使负荷曲线平滑，或者将其安排在特殊时间内，如当间歇式 DG 有额外的功率可用时的负荷服务时间。而非敏感负荷的非可控部分是切负荷的第一候选。

2.6　微电网的通信技术

先进的通信技术是实现微电网管理自动化的基础，可分为微电网内部通信以及微电网与上级电网的通信两种类型。与微电网相关的通信技术有配电载波、无线数传电台、光纤、线缆等通信方式。

配电载波通信方式是以与要传输的信息路径相同的配电载波线路为传输媒质，通过结合滤波设备，将要传输的数据、语音等低频、低电压信号转换为能在高压线路上传输的高频、高压信号，在线路上传输并在接收端将信号还原的一种通信方式。载波通信的优点在于通信路由合理，通道建设投资相对较低；缺点在于传输频带受限，线路噪声大，线路衰减大且具有时变性，线路发生故障时会影响通信系统。配电载波传输速率大多在几百比特每秒，由于载波通信的造价主要与点数有关，而与通信距离无关，故该通信方式适用监控点分散而距离较远的场合。该种通信方式适用于微电网与上级配电网之间的通信。

光纤通信方式是以光波为载体，以光导纤维作为传输媒质，利用光电转换设备，将欲传输的以电方式存在的数据、语音、图像等信号转变成光信号，用光波进行远距离传输，在接收端将光信号还原的一种通信方式。光纤通信传输容量大、传输质量高、可用频带宽、抗电磁干扰能力强，但相对造价高、工程量大、施工复杂，在发生断缆等情况时，恢复工作量大。

线缆通信方式是以普通通信电缆（如双绞电缆、同轴电缆等）为传输媒质，将数据、语音、图像等信息从一处传输到另一处的通信方式。这是最常用的一种通信方式。线缆通信投资少，技术简单容易实现，但传输速率较低，工程量较大，易受外力影响发生断缆等情况引起通信中断。

微电网内部通信可采用线缆通信方式。微电网与上级电网的通信可根据当地配电网所具体采用的通信方式进行选择。

参 考 文 献

[1] Lasseter R, Akhil A, Marnayc, et al. White paper on integration of distributed energy resources - the CERTS microgrid concept [R/OL]. http: //certs. lbl. gov/pdf/ LBNL _ 50. 829. pdf. 2007 - 06 - 01.

[2] Robert Lasseter, "Microgrids" [C]. IEEE Power Engineering Society Winter Meeting, 2001, vol. 1, pp. 146～149.

[3] 黄伟，孙昶辉，吴子平，张建华. 含分布式发电系统的微网技术研究综述 [J]. 电网技术，2009，33 (09)：14～18.

[4] 赵豫，于尔铿. 新型微型燃气轮机的特点与应用前景 [J]. 热能与动力工程，2003，3，18 (104)：111～116.

[5] 叶昌林. 燃料电池发电技术综述 [J]. 东方电气评论，2000，14 (2)：98～100.

[6] Katiraei. F, Iravani. M. R. Power management strategies for a microgrid with multiple distributed generation units. IEEE Trans on Power Systems, 2006, 21 (4): 1821～1831.

微电网模型与建模

3.1 微型电源的原理与建模

3.1.1 风力发电机

在各种新能源利用过程中，风力发电是最重要的一种形式。19世纪末，丹麦人首先研制了风力发电机。1891年，丹麦建成了世界上第一座风力发电站。100多年来，世界各国成功研制出类型各异的风力发电机组。风力发电机依据运行方式的不同，一般所用的发电机也不同。独立运行的风力发电机组中所用的发电机主要有直流发电机、永磁式交流发电机、硅整流自励式交流发电机及电容式自励异步发电机。并网运行的风力发电机机组中使用的发电机主要有同步发电机、异步发电机、双馈发电机、低速交流发电机、无刷双馈发电机、交流整流子发电机、高压同步发电机及开关磁阻发电机等。随着电力电子技术和微机控制技术的发展，双馈异步发电机（Doubly - Fed Induction Generator，DFIG）得到了广泛的重视。DFIG在结构上类似于绕线式异步电机，具有定转子两套绕组。在控制中，DFIG转子一般由接到电网上的变换器进行交流励磁。由于实际上发电机的定转子都参与了励磁，“双馈”的含义因此而得。

一、双馈风力发电机的基本原理

双馈风力发电机，即双馈异步发电机是在普通绕线式异步感应电机的基础上外加了连接在转子滑环与定子之间的四象限变频器及其控制系统而构成的。因此，双馈异步发电机可以看成是一个具有打开的绕线式转子接有外加电压源的传统异步发电机，此外加电压源通过变频器引入，变频器对转子回路电流实现频率、幅值和相位的调节，起到了励磁电源的作用。双馈异步发电机除通过定子向电网馈入功率之外，还通过部分功率变频器与电网之间交换转差功率，并可以通过变频器的控制对整个双馈异步发电机的有功功率和无功功率分别进行控制。

双馈异步发电机属于交流励磁的异步化同步发电机的一种，转子的旋转速度 n_r、转子外加励磁电源产生的旋转磁场相对于转子的旋转速度 n_e 与定子同步磁场的旋转速度 n_s 之间的关系为

$$n_r + n_e = n_s \tag{3-1}$$

由式（3－1）可知，当转子转速发生变化时，通过调节转子励磁电流的频率即可保证发电机定子端输出工频电能，这就是变速恒频运行的原理。当双馈异步发电机次同步运行时，转子励磁电流相序与定子电流相同；当其超同步运行时，转子励磁电流相序则与定子电流相反；当其同步运行时，转子进行直流励磁。

采用这种交流励磁变速恒频的双馈异步发电机系统具有如下优点：

（1）允许原动机在一定范围内变速运行，简化了调整装置，减少了调速时的机械应力。同时使机组控制更加灵活、方便，提高了机组的运行效率。

（2）调节励磁电流幅值和相位，可调节发出的有功和无功功率。应用矢量控制可实现有功和无功功率的独立调节。

正因为以上优点，使得交流励磁双馈发电机成为变速恒频风力发电领域的主流发电机。

二、双馈风力发电机系统的结构

双馈风力发电机系统原理示意图如图 3－1 所示。在双馈风力发电机中，发电机的定子侧直接与电网侧相连接；转子侧采用三相对称绕组，经过交—直—交变频器与电网侧相连接，以提供发电机交流励磁，励磁电流的幅值、相位、频率均可变，其中励磁频率为转差频率。其中交—直—交变频器为双 PWM 换流器，可实现四象限运行。电网侧换流器的主要任务是保证电流波形和功率因数满足要求以及保证直流母线电压的稳定，转子侧换流器的主要任务是调节有功功率，实现最大风能捕获以及为转子回路提供励磁，调节定子无功功率。风轮机采用变桨距控制，当风速小于额定风速时，桨距角为 0°，采用最大功率跟踪策略来实现最大风能的捕捉；当风速增加到大于额定风速时，变桨距装置动作，桨距角逐渐变大，将发电机的输出功率限制在额定功率附近。但由于风轮机的转动惯量较大，因此变桨距装置动作具有一定的时延[1]。

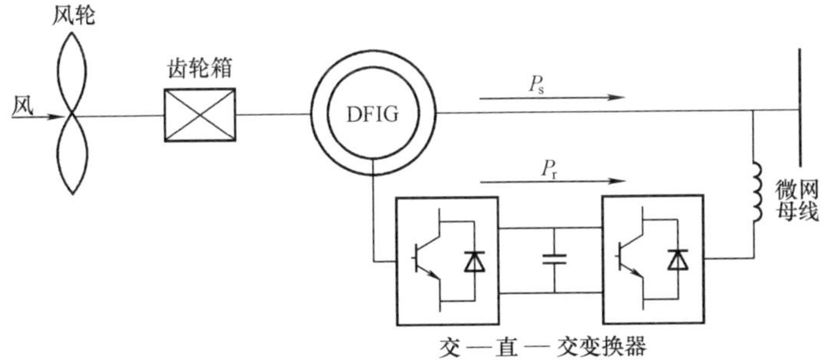

图 3－1 双馈风力发电机系统原理示意图

三、双馈风力发电机及控制系统的数学模型

（一）空气动力学模型

风力发电机组发出的电能是从风能中转化来的，风电机组的叶片从风中捕获部分能量转化为旋转的动能，然后通过机械驱动

系统将机械能传送给发电机，通过发电机将机械能转化为磁场的能量，最终转化为电能。

由风轮机的空气动力学知识可以得出风轮机的输出功率为

$$P_{\mathrm{w}} = \frac{1}{2}\rho\pi R_{\mathrm{w}}^{2} v^{3} C_{\mathrm{P}} \tag{3-2}$$

式中：ρ 为空气密度；R_{w} 为风轮机叶片的半径；πR_{w}^{2} 为叶片的扫略面积；v 为风速；C_{P} 为风能利用系数，为表征风轮机效率的重要参数，是风轮机叶尖速比 λ 和桨叶节距角 β 的函数，可表示为 C_{P}（λ，β）。

根据贝茨理论，风轮机最大的风能利用系数 C_{Pmax} 为 0.593。此外，叶尖速比 λ 即叶片的叶尖线速度与风速之比，可表示为

$$\lambda = \frac{\omega_{\mathrm{w}} R_{\mathrm{w}}}{v} \tag{3-3}$$

式中：ω_{w} 为叶片旋转的角速度。

对于给定的叶尖速比 λ 和叶片桨距角 β，计算风能利用系数的公式为

$$C_{\mathrm{P}}(\beta,\lambda) = 0.22\left(\frac{116}{\lambda_{\mathrm{i}}} - 0.4\beta - 5.0\right)e^{\frac{-12.5}{\lambda_{\mathrm{i}}}} \tag{3-4}$$

其中

$$\lambda_{\mathrm{i}} = \frac{1}{\dfrac{1}{\lambda + 0.08\beta} - \dfrac{0.035}{\beta^{3}+1}}$$

由式（3-4）根据不同的 β、λ 计算得到的 C_{P}，也即变桨距风轮机的性能曲线如图 3-2 所示。

由图 3-2 可以知道，当桨距角 β 为恒定值时，C_{P} 的大小与 λ 有关，且仅有一个使 C_{P} 最大的叶尖速比 λ，称为最佳叶尖速比 λ_{opt}，此时的角速度 ω_{w} 为最佳转速 ω_{opt}。因此当 β 恒定时，可用任一条 C_{P}（λ）曲线描述定桨距风轮机的运行特性。

在某一固定的风速下，随着风轮机转速的变化，叶片旋转的角速度发生大变化，C_{P} 也会相应地变化，从而使风轮机的输出

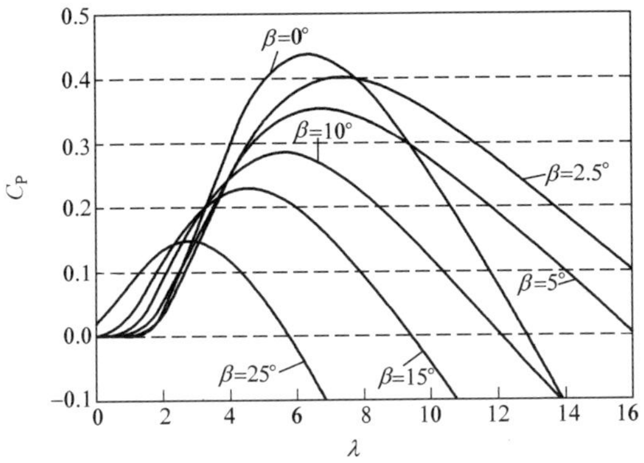

图 3-2　变桨距风轮机性能曲线

机械功率发生变化。由式（3-2）和式（3-3），可以得到风轮机输出功率和风轮机角速度之间的关系式为

$$P_w = \frac{1}{2}\rho\pi R_w^2\left(\frac{R_w}{\lambda}\right)^3 C_P\omega_w^3 = k\omega_w^3 \tag{3-5}$$

其中

$$k=\frac{1}{2}\rho\pi R_w^2\left(\frac{R_w}{\lambda}\right)^3 C_P$$

要想使风轮机保持最大的功率转换效率，必须保证叶尖速比始终为最佳叶尖速比，因此 ω_w 将随着风速的变化而变化。将不同风速时的最大功率点连接起来，即可得到风轮机的最佳功率曲线 P_{opt}，其功率表达式为

$$P_{opt} = \frac{1}{2}\rho\pi R_w^2\left(\frac{R_w}{\lambda_{opt}}\right)^3 C_{Pmax}\omega_w^3 = k_{opt}\omega_w^3 \tag{3-6}$$

（二）桨距角控制模型

变桨距控制系统通过控制风轮机桨叶角度改变桨叶相对于风速的功角，从而改变风轮机从风中捕获的风能。变桨距控制在不同的情况下采用不同的策略。

(1) 当风速低于额定风速时，变桨距角控制用于风电机组功率的寻优，目的是在给定风速下使风电机组发出尽可能多的电能。对于变速风电机组，其功率寻优可以通过风电机组的变速来实现，因此当风速低于额定风速时，桨距角 β 通常保持在 0°附近，由图 3-2 可以看出，当 β 为 0°时 C_P 最大。

（2）当风速超过额定风速时，变桨距装置动作，桨距角增大，将风轮机的机械功率限制在额定功率附近，同时能够保护风电机组机械结构不会过载以及避免风电机组机械损坏的危险。

在本书中，双馈异步发电机的变桨距控制模型采用电力系统仿真软件 PSACD 中的风轮机控制模型，其传递函数示意图如图 3-3 所示。

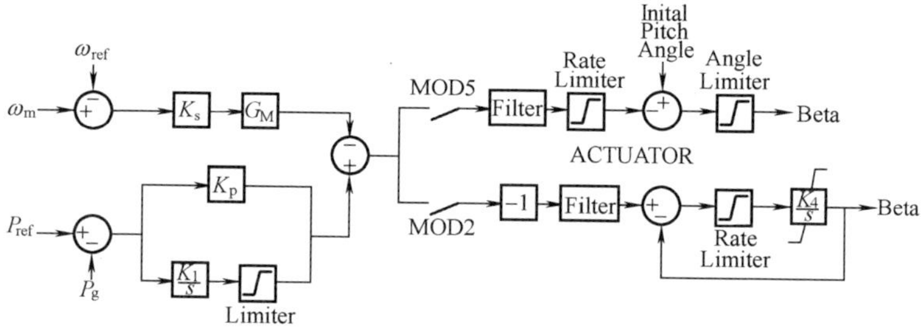

图 3-3　变桨距控制的传递函数示意图

其中，ω_m 为电机机械角速度，当发电机类型是异步机时，不需要考虑此变量；ω_{ref} 为速度参考值；P_{ref}（p. u.）为功率参考值；P_g 为以电机容量为基准的输出功率标幺值；K_s 为增益；K_p、K_1 分别为比例增益和积分增益；G_M 为增益乘数，K_4 为叶片控制器增益积分。此外，MOD 2 适用于水平轴旋转的 3 叶片风轮，而 MOD 5 适用于水平轴旋转的 2 叶片风轮。

输入信号为风电机组发出有功功率的测量值，与最大功率参考值相比较后得出误差信号，输入 PI 控制器，产生桨距角参考值 β_{REF}，再与实际的桨距角比较，桨距角误差信号输入到桨距角控制系统的伺服机构。

（三）双馈风力发电机的动态数学模型

在考虑双馈风力发电机的数学模型时，定转子绕组均采用电动机惯例，即定、转子绕组电流以流入为正。为便于分析问题，假定如下：

（1）忽略空间谐波，设三相绕组对称（在空间上互差 120°电角度），所产生的磁动势沿气隙圆周按正旋规律分布；

（2）忽略磁路饱和，各绕组的自感和互感都是定常线性对称的；

（3）忽略频率和温度变化对绕组电阻的影响，忽略铁芯损耗；

（4）转子绕组已经折算到定子侧，折算后每相匝数相等。

与同步发电机相似，在三相静止坐标系下双馈风力发电机的数学模型也具有非线性、时变性、强耦合等特点，分析和求解困难。为简化分析和应用于矢量控制变化，通过坐标变换的方法简化双馈风力发电机的数学模型。

坐标变换的思想是：将一个三相静止坐标系里的矢量，通过变换用一个两相静止坐标下或两相旋转坐标系里的矢量表示，在变换时刻采取功率不变或幅值不变的原则，其坐标变换示意图如图 3－4 所示。

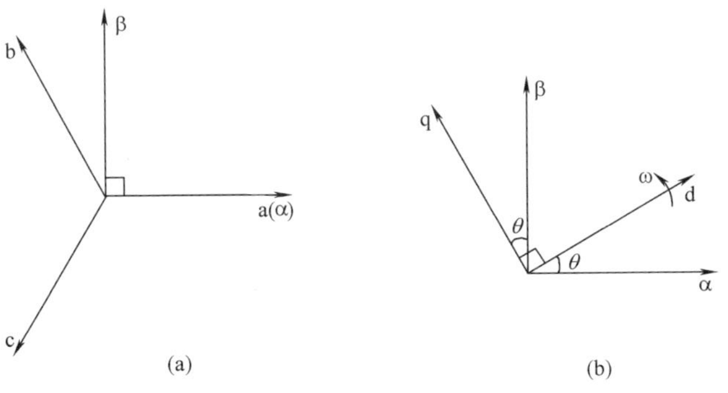

图 3－4 坐标变化示意图

（a）三相静止坐标系到两相静止坐标系；
（b）两相静止坐标系到两相旋转坐标系

从结构上来说，双馈异步发电机与普通异步电机的最大不同在于，双馈异步发电机的转子绕组中引入了励磁电动势；而普通异步电机转子绕组短接，其转子侧电压为 0。所以同步旋转坐标下两种电机的方程区别仅仅在于转子电压方程。在同步旋转 dq 坐标系下，双馈异步发电机的方程如下所示。

电压方程为

$$\begin{cases} u_{sd} = p\Psi_{sd} - \omega_s \Psi_{sq} + R_s i_{sd} \\ u_{sq} = p\Psi_{sq} + \omega_s \Psi_{sd} + R_s i_{sq} \\ u_{rd} = p\Psi_{rd} - s\omega_s \Psi_{rq} + R_r i_{rd} \\ u_{rq} = p\Psi_{rq} + s\omega_s \Psi_{rd} + R_r i_{rq} \end{cases} \tag{3-7}$$

式中：下标为 s 的表示定子量；下标为 r 的表示转子量；ω_s为同步角速度。

磁链方程为

$$\begin{cases} \Psi_{sd} = L_s i_{sd} + L_m i_{rd} \\ \Psi_{sq} = L_s i_{sq} + L_m i_{rq} \\ \Psi_{rd} = L_r i_{rd} + L_m i_{sd} \\ \Psi_{rq} = L_r i_{rq} + L_m i_{sq} \end{cases} \tag{3-8}$$

其中 $L_m = \frac{3}{2} L_{aA}$，L_{aA}为定、转子间互感峰值。

转矩方程为

$$T_e = \frac{3}{2}(i_{sq}\Psi_{sd} - i_{sd}\Psi_{sq}) \tag{3-9}$$

转子运动方程为

$$-T_J \frac{ds}{dt} = T_m - T_e - D\omega_r \tag{3-10}$$

式中：T_J 为双馈异步发电机的惯性时间常数；T_m 为输入机械转矩；T_e 为发电机电磁转矩；D 为阻尼系数。

通过以上 10 个方程的联立求解可精确描述双馈异步发电机的全部动态行为。

四、双馈风力发电机的矢量控制策略

由于双馈风力发电机的定子接在频率恒定的大电网上，定子电阻比电抗小得多，定子电阻上的压降远远小于定子的端电压，通常可以忽略定子绕组电阻。在同步旋转坐标系下，忽略定子绕组电阻后，发电机的定子磁链与定子端电压矢量之间的相位差正好是 90°。若以定子磁链定向，取定子磁链矢量方向为同步坐标系 d 轴，则定子电压矢量将落在超前 d 轴 90°的 q 轴上，这样可以进一步简化双馈风力发电机的数学模型，从而得到矢量控制所需的控制方程。在忽略双馈发电机定子电磁暂态过程的情况下，双馈风力发电机的定子电压磁链方程可简化为

$$\begin{cases}\Psi_{sd}=\Psi_{s}\\ \Psi_{sq}=0\\ u_{sd}=0\\ u_{sq}=u_{s}\end{cases} \tag{3-11}$$

将式（3-11）代入定子磁链方程即式（3-8），可得

$$\begin{cases}i_{sd}=\dfrac{\Psi_{s}-L_{m}i_{rd}}{L_{s}}\\ i_{sq}=-\dfrac{L_{m}i_{rq}}{L_{s}}\end{cases} \tag{3-12}$$

在同步旋转坐标系下，有

$$\begin{cases}P_{s}=\dfrac{3}{2}(u_{sd}i_{sd}+u_{sq}i_{sq})\\ Q_{s}=\dfrac{3}{2}(u_{sq}i_{sd}-u_{sd}i_{sq})\end{cases} \tag{3-13}$$

将式（3-11）、式（3-12）代入式（3-13）可得

$$\begin{cases}P_{s}=\dfrac{3}{2}u_{sq}i_{sq}=-\dfrac{3}{2}u_{s}\dfrac{L_{m}}{L_{s}}i_{rq}\\ Q_{s}=\dfrac{3}{2}u_{sq}i_{sd}=-\dfrac{3u_{s}}{2L_{s}}(\Psi_{s}-L_{m}i_{rd})\end{cases} \tag{3-14}$$

式（3－14）构成了双馈风力发电机转子侧换流器矢量控制的数学模型。由式（3－14）可见，当定子磁链或定子电压保持恒定时，定子有功功率与转子电流的转矩分量 i_{rq} 成正比，而定子无功功率则完全由转子电流的励磁分量 i_{rd} 决定。转子换流器矢量控制实现了定子有功功率和无功功率控制的解耦，或者说实现了电磁转矩与转子励磁控制的解耦，这就是转子变流器矢量控制的目的。

矢量控制的控制量既可以是转子电流，也可以根据式(3－14)和双馈风力发电机转子电压、磁链方程，将控制量转化为转子电压。这里给出控制量为转子电流时的矢量控制结构图，如图 3－5 所示。

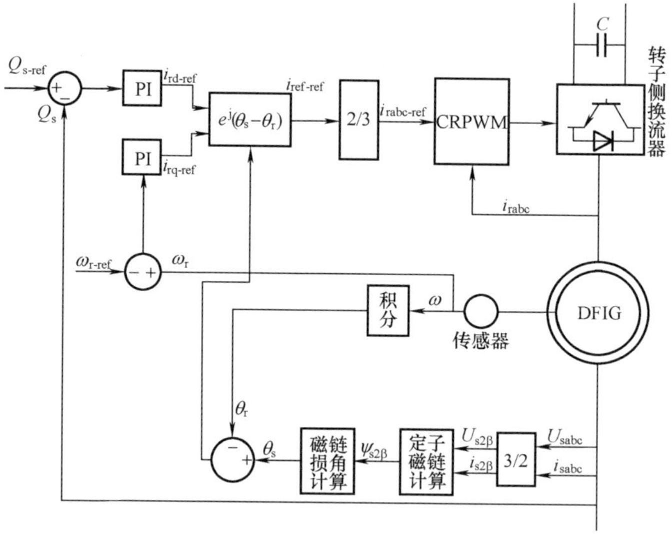

图 3－5　转子侧换流器矢量控制结构示意图

转子侧换流器实现了双馈风力发电机定子有功功率和无功功率的解耦控制。转子电流的励磁分量 i_{rd} 和转矩分量 i_{rq} 分别通过对定子无功功率的控制和实现最大风能捕捉策略来得到。一般的控制策略中，为实现双馈风力发电机组的单位功率因数控制，设定定子侧无功功率的参考值为 0。在最大风能跟踪策略实现中，将发电机转速和参考转速 ω_{r_ref} 的偏差通过 PI 控制得到转子电流的转矩分量，其中 ω_{r_ref} 是根据风速与机组运行情况确定的对应最大捕获风能的转速。

电网侧换流器的控制采用了基于电网电压定向的矢量控制方案，此矢量控制方案用于电网与电网侧换流器之间传输的有功功率和无功功率的解耦控制。其中网侧换流器电流的直轴分量用来控制直流母线电压保持恒定，而其交轴分量用来控制电网侧换流器与电网之间的无功功率的交换。图 3 - 6 所示为网侧换流器电路结构示意图。

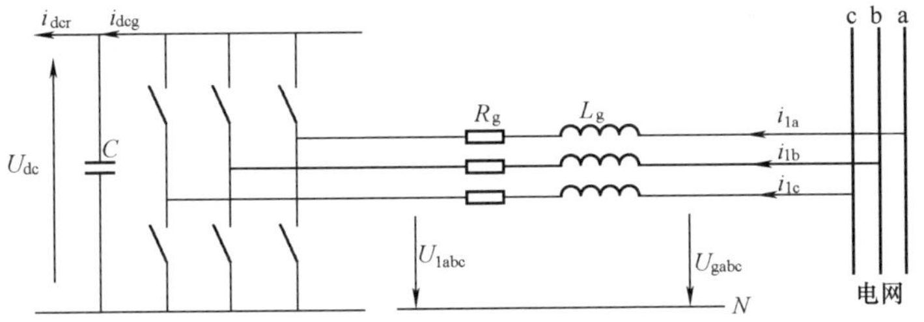

图 3 - 6 网侧换流器电路结构示意图

其电压方程为

$$\begin{bmatrix} u_{ga} \\ u_{gb} \\ u_{gc} \end{bmatrix} = R_g \begin{bmatrix} i_{1a} \\ i_{1b} \\ i_{1c} \end{bmatrix} + L_g \frac{d}{dt} \begin{bmatrix} i_{1a} \\ i_{1b} \\ i_{1c} \end{bmatrix} + \begin{bmatrix} u_{1a} \\ u_{1b} \\ u_{1c} \end{bmatrix} \tag{3-15}$$

式中：u_{ga}、u_{gb}、u_{gc} 和 u_{1a}、u_{1b}、u_{1c} 分别为电网三相电压和网侧换流器三相电压；i_{1abc} 为网侧换流器三相电流；R_g、L_g 为网侧换流器串联的电阻和电感。图 3 - 6 中 i_{dcg}、i_{dcr} 分别为网侧换流器和转子侧换流器的直流电流，C 为直流母线的电容。

在同步旋转坐标系下，式（3 - 15）可转化为

$$\begin{cases} u_{gd} = (R_g + pL_g)i_{1d} - \omega_s L_g i_{1q} + u_{1d} \\ u_{gq} = (R_g + pL_g)i_{1q} + \omega_s L_g i_{1d} + u_{1q} \end{cases} \tag{3-16}$$

式中：下标 d、q 分别为相对应电压或电流的直轴分量和交轴分量。

网侧换流器和电网之间交换的功率，即转子功率可表示为

$$\begin{cases} P_r = \dfrac{3}{2}(u_{gd} i_{1d} + u_{gq} i_{1q}) \\ Q_r = \dfrac{3}{2}(u_{gq} i_{1d} - u_{gd} i_{1q}) \end{cases} \tag{3-17}$$

由于采用了电网电压定向的矢量控制方案，参考坐标系的 d 轴方向与电网电压一致，q 轴沿旋转方向超前 d 轴 90°，即有

$$\begin{cases} u_{gd} = u_g \\ u_{gq} = 0 \end{cases} \tag{3-18}$$

由此，式（3-17）可写为

$$\begin{cases} P_r = \dfrac{3}{2} u_g i_{1d} \\ Q_r = -\dfrac{3}{2} u_g i_{1q} \end{cases} \tag{3-19}$$

由式（3-19）可见，在电网电压保持恒定时，转子有功功率与 i_{1d}成比例，而转子无功功率则与 i_{1q}成比例，网侧换流器实现了转子有功功率和无功功率的解耦控制。

忽略换流器开关损耗和串联电阻损耗，把换流器看成理想换流器，则有

$$u_{dc} i_{dc} = \frac{3}{2} u_{gd} i_{1d} \tag{3-20}$$

此外，对于 PWM 换流器来说，则有

$$u_{gd} = \frac{m}{2\sqrt{2}} u_{dc} \tag{3-21}$$

式中：m 为网侧换流器的调制系数。

对于直流回路中的电容器 C，则有

$$i_{dcg} - i_{dcr} = C \frac{du_{dc}}{dt} \tag{3-22}$$

综合式（3-20）～式（3-22），则有

$$C\frac{\mathrm{d}u_{dc}}{\mathrm{d}t}=\frac{3}{4\sqrt{2}}mi_{1d}-i_{dcr} \tag{3-23}$$

式中：i_{dcr}为流向转子换流器的直流电流，通常视为一扰动量。

由式（3-23）可以看出，直流母线电压u_{dc}可由i_{1d}控制，然而因为对换流器的控制作用是通过作用在换流器上的电压来实现的，所以需要建立换流器电压u_{1abc}与电流i_{1d}、i_{1q}的联系。引入中间变量为

$$\begin{cases}u'_d=(R_g+pL_g)i_{1d}\\u'_q=(R_g+pL_g)i_{1q}\end{cases} \tag{3-24}$$

则式（3-16）可转化为

$$\begin{cases}u_{1d}=u_{gd}+\omega_s L_g i_{1q}-u'_d\\u_{1q}=-u'_q-\omega_s L_g i_{1d}\end{cases} \tag{3-25}$$

根据以上分析，得出网侧换流器的矢量控制结构示意图如图3-7所示。

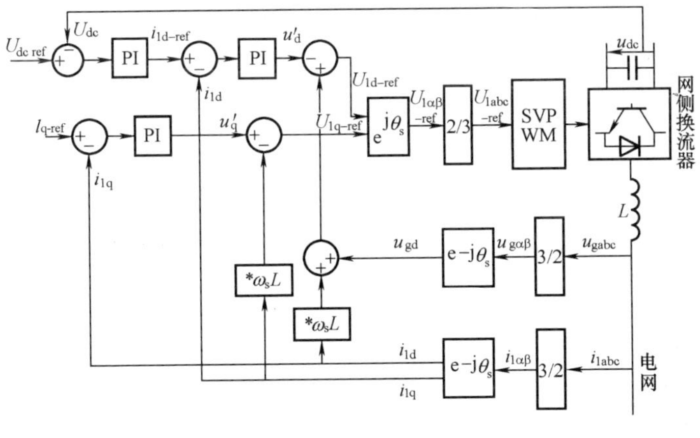

图3-7　网侧换流器的矢量控制结构示意图

网侧换流器矢量控制用于维持直流母线电压在一个恒定值，而与转子功率的方向及大小无关，并根据整个风电机组对无功功

率的要求对 i_{1q} 参考值进行控制。一般控制策略中，为充分利用变频器的控制能力并发出尽可能多的有功功率，通常设定电网与网侧换流器之间没有无功功率的交换，即网侧换流器保持单位功率因数运行。

3.1.2 微型燃气轮机

一、微型燃气轮机发电技术

先进微型燃气轮机（Microturbine Generator）是一种新发展起来的小型热力发动机，由燃气轮机、压气机、燃烧室、回热器、发电机及电力控制部分组成，以天然气、甲烷、汽油、柴油等为燃料。其基本结构特点是采用径流式叶轮机械向心式涡轮机和离心式压气机，在转子上两者叶轮为背靠背结构，采用高效板式回热器，采用空气轴承不需要润滑油系统，结构更加简单，燃气轮机和发电机一体设计，使整台燃气轮机发电机组的尺寸显著减小，质量减轻，优点显著[2~6]。

微型燃气轮机主要包括以下四个部分。

（1）燃气轮机：这种非常小的高速燃气轮机是采用了简单的径向设计原理和循环回热技术，更加简单可靠，维修成本更低，振动更小，排放更低，结构更紧凑。它的主要组成部分为单级径向压缩机、低排放环形燃烧器、单级径向透平、压比和空气轴承或双润滑油系统轴承。

（2）高速交流发电机：高速发电机和微型透平燃机处于同一根轴上，由于它非常小可以装进燃气轮机机械装置中，从而组成一个结构紧凑的高转速的透平交流发电机组。

（3）高效回流换热器：高效低成本耐用的热交换器用来增加燃气轮机的效率，使其达到可以和往复发电机组系统竞争的程度，其功能是先预热燃烧室需使用的空气，减少燃料消耗。

（4）电力变换控制器：发电机输出的电能为高频频率，必须转换成工频交流电能。由微型处理机控制的电力电子变换装置可进行输出频率和电压的转换，以便提供不同质量和特性的电能。电力电子变换装置可根据负荷的变化调节转速，也可根据外部电网负荷变化运行，或可作为独立电源系统运行。微型控制器还可以进行远程管理、控制和监测。由于微型燃气轮机具有以上显著特点，所以其应用很广，可用于分布式发电及冷热电联供系统和微型燃气轮机—燃料电池联合系统等。因而，先进微型燃气轮机技术得到了国内外的普遍重视。

二、微型燃气轮机发电系统的工作原理和数学模型

高速单轴结构微型燃气轮机是微型燃气轮机的主流产品，是目前最为常用的小型热电联产的动力机组。当微电网中采用单轴高速结构的微型燃气轮机时，机组运行状态、控制方法等因素对其动态特性产生一定的影响，即可以按照给定的有功和无功进行控制，又可以方便地实现 U/f 控制保证微电网孤网运行时频率和电压的稳定性。本节将对高速单轴结构的微型燃气轮机发电系统的工作原理、数学模型、各种运行特点以及控制策略进行详细的分析[7~9]。

单轴结构微型燃气轮机发电系统具有系统效率高、结构紧凑、可靠性高的特点。典型的单轴结构 MT 的系统结构如图 3－8所示。该系统包括微型燃气轮机、永磁同步发电机、电力电子转换装置、供热和制冷机组。燃料控制系统将燃气输送至燃烧室，并与压缩机送至的高压气体充分燃烧，形成驱动压缩机和发电机的高品质燃气。通常燃气涡轮旋转速度高达 50 000～120 000r/min，需要采用高能永磁材料（如钕铁硼材料或钐钴材料）的永磁同步发电机，其产生的高频交流电通过电力电子变流装置转化为工频交流电输送到配网中供用户使用。微型燃气轮机系统中发电部分排出的高温尾气可以用来预热进入燃烧室的压缩空气，从而减少燃烧过程中的燃料消耗，提高系统能源的综合利用效率。回热器排出的尾气可以通过溴化锂制冷机或热交换器满

足冷、热负荷的需求。

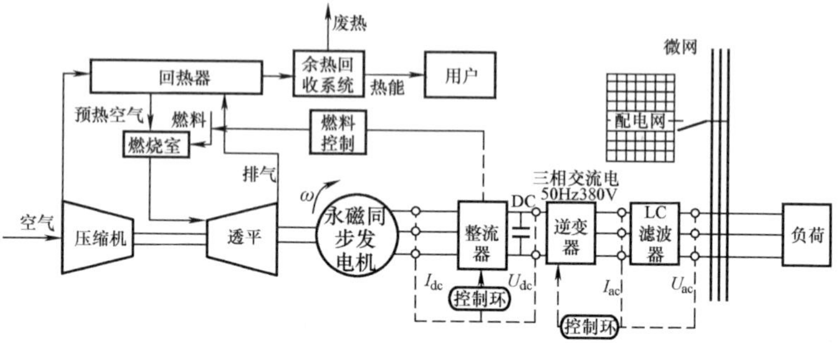

图 3-8　典型的单轴结构 MT 的系统结构

微型燃气轮机采用径流式叶轮机械或空气轴承，结构简单、机组尺寸小，可产生大量品质极佳的余热烟气，其温度在 500℃左右，利用价值较高，是目前微型分布式发电系统特别是小型冷热电联供系统的主要动力设备。

目前，微型燃气轮机系统主要有两种结构类型，一种为单轴（single-shaft）结构，另一种为分轴（split-shaft）结构。单轴结构微型燃气轮机中燃气涡轮与发电机同轴，因此发电机转速很高，需采用电力电子器件进行整流逆变；分轴结构微型燃气轮机动力涡轮与燃气涡轮采用不同转轴，通过变速齿轮与发电机相连，由于降低了发电机转速，因此可以直接并网运行。

本书将以 Rowen 所提出的单轴单循环重负荷的燃气轮机为基本模型[10]，从图 3-9 中可以看出该单轴 MT 模型主要由温度控制系统、速度控制系统、加速度控制以及燃料供给系统组成。该模型已接近完善，本书将采用该模型来表示单轴高速微型径向透平发电机的模型，需要指出的是，该模型是基于以下条件建立的。

（1）该模型适用于暂态、稳态运行条件下，忽略微型燃气轮机快速的动态变化，比如启动、停机、内部故障等过程；

（2）考虑到微型燃气轮机的机电特性是本小节研究的主要内容，而能量回收器仅用于提高热电效率，对整体模型的动态响应时间没有很大的影响，所以不考虑对其进行建模。

另外，除温度控制采用有名值，微型燃气轮机的模型及其他控制模块均采用标幺值。

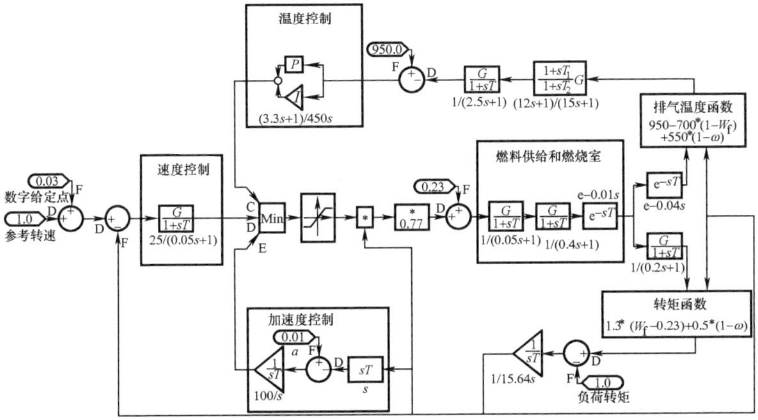

图 3-9 微型燃气轮机动态仿真模型

（1）转速与加速度控制系统。加速度控制按照转速调整变化率调整燃料基准，以减少燃气轮机高温燃气通道零件的热冲击。将转速的变化率与给定的转速加速度基准相比较，如果转速变化率大于给定值，则降低加速度控制值，反之增加加速度控制值。即加速度控制系统的功能是限制转速的变化率过大，在燃气轮机甩负荷以及启动过程中，加速度控制系统都将参与控制。

微型燃气轮机的转速控制系统分为有差和无差两种方式。这两种方式是分别为了适应不同的负荷特性而设计的。在微电网孤网运行的情况下，微型燃气轮机并入微电网时，控制系统应采用有差调节方式，以便满足跟踪负荷变化的需要，保证微电网频率和电压的稳定性。

有差调节系统是一个比例调节器，在部分负荷的情况下，微型燃气轮机主要速度控制方式为斜率控制即有差调节，是以转子速度与预先设定参考值间的差值作为输入信号，以速度偏差比例值作为输出信号。在实际的设备中，由于存在一些时间常数，因此调节器实际是一个比例—惯性环节，如图 3－10 所示。

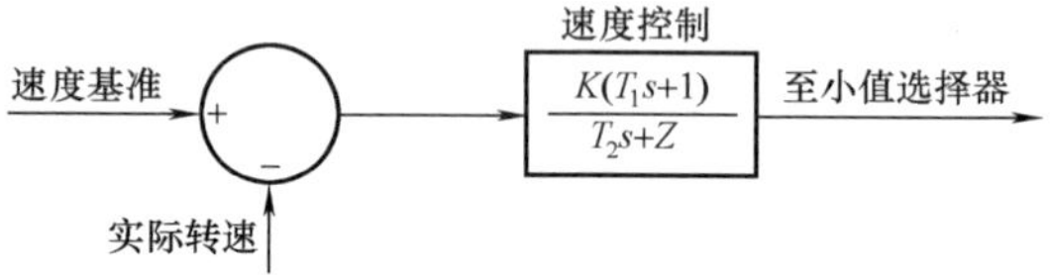

图 3－10　速度控制模型

在实际的并网运行中，转速控制系统是调节燃气轮机输出功率的最基本的方式。通过调整转速基准（如图 3－10 所示），改变转速基准与实际转速之间的偏差，从而改变输出燃料基准值，进而达到调整负荷的目的。

另外，加速度控制系统是为了保证高速运行的微型燃气轮机在某些特殊情况下，如启动环节或突然甩负荷时，转子的角加速度不超过其给定值，起到减少热部件的热冲击作用，以保证机组的安全。

（2）温度控制系统。燃气轮机的透平叶轮和叶片在高温、高速下工作，材料的强度随着温度的上升显著下降，必须使透平进气温度限制在一定范围内。从各国燃气轮机运行的事故来看，有很多是由于超温引起的，所以温度控制是燃气轮机调节的主要特点之一。

温度控制是通过控制燃料流量来反映燃气轮机透平进口温度，由于温度的变化剧烈，透平进口燃气温度难于测量与控制。但燃气轮机的排气温度则相对来说比较容易测量，并且与透平进口燃气温度成比例，所以一般应用燃气轮机的排气温度来间接反映透平进口燃气温度。由于透平排气温度较低、温度场均匀，一般在透平出口布置一定数量的热电偶，取平均值测得透平排气温度，通过透平排气温度来控制透平进气温度。

温度控制的主要功能是：

1）在燃气温度超过允许值时，发出信号去减少燃料量，使燃气温度不超过允许值；

2）在启动时把温度限制在一定温度以下，暖机结束时以一定的温度改变量升温；

3）在尖峰运行或超载运行时可以提高温度的限制值；

4）和超温保护一起，在各通道所测温度值的差额超过某一定值时发出警报。

温度控制系统的主要作用是限制透平进口温度，使之保持在一定的温度之下，以免对透平的进口叶片产生损害。由于进口温度 T_{in} 过高，测量难度大，因此选用排气温度 T_x 进行测量，因此，温度控制系统并不是直接对 T_{in} 进行控制，而是对 T_x 进行控制，从而实现对 T_{in} 的调节。如图 3-11 所示，温度调节系统是一个比例积分调节器（PI）。输入信号是热电偶测量到的排气温度信号 T_x，然后与额定的排气温度 T_{ref} 进行比较，输出温度控制信号到最小值选择器。只要 T_x 和 T_{ref} 之间存在偏差，温度控制器就会不断地积分，使燃料基准值降低，直到 T_x 低于 T_{ref} 为止。在正常运行时，微型燃气轮机也是通过改变燃料量来控制透平入口温度不超过其最大设计值 T_{max} 的。

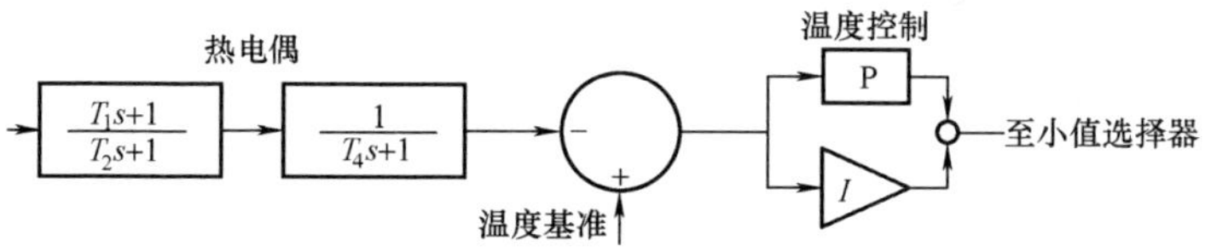

图 3-11 温度控制模型

（3）燃烧供给系统和燃烧室。由上面的转速控制系统、温度控制系统以及加速度控制系统均产生一个燃料基准，这三个燃料基准命令经过最小值选择器进行选择后，最小的燃料基准命令进入燃料供给系统。由于燃料泵的转速、燃料压力均与转子转速成正比关系，所以限幅后的值乘以实际转子转速，就可得到实际燃料量信号。

与汽轮机不同，微型燃气轮机需要较大比例的燃料流量来维持自持、空载工况下的正常运行，这里取 $K_6=0.23$。另外，微型燃气轮机是通过改变燃料量来控制转速的，通过速比阀、燃料控制阀的串联控制，达到准确控制燃料质量、流量的目的。对于燃料量来说，燃烧室只是一个延迟环节，如图 3-12 所示。

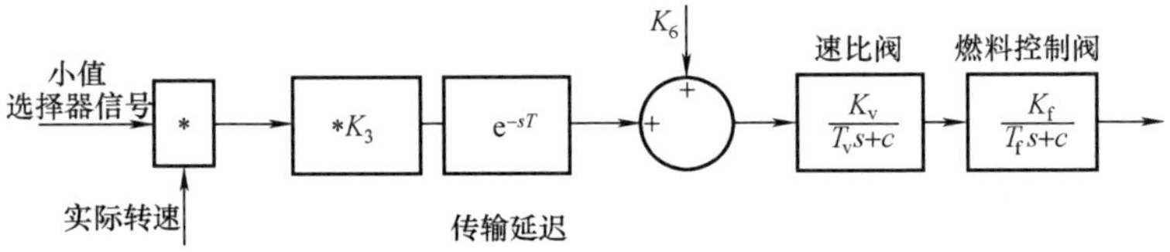

图 3-12　燃料控制模型

（4）压缩机—透平系统。压缩机—透平系统是微型燃气轮机的重要组成部分，本质是线性非动态系统（转子时间常数除外）。如图 3-13 所示，单轴燃气轮机的转矩和排气温度与燃料流量、透平机的转速线性相关，其关系表达式分别为

$$\text{转矩}=K_{\mathrm{HHV}}(W_{\mathrm{f}}-0.23)+0.5\times(1-\omega)\quad(\mathrm{N\cdot m})$$

$$\text{排气温度}=T_{\mathrm{R}}-700\times(1-W_{\mathrm{f}})+550\times(1-\omega)\quad(^{\circ}\mathrm{C})\qquad(3-26)$$

式中　K_{HHV}——与燃烧室中气流热焓值或热力值相关的系数，取值为 1.3；

T_{R}——排气温度基准，取值为 950℃；

ω——燃机转速；

W_{f}——燃料量信号。

需要明确的是：转矩方程在 100%负荷的情况下基本上是精确的，在其他情况下会存在小于 5%的误差；排气温度方程相对

不是很精确，但由于温度控制只在温度参考值附近有作用，因此可忽略其影响。

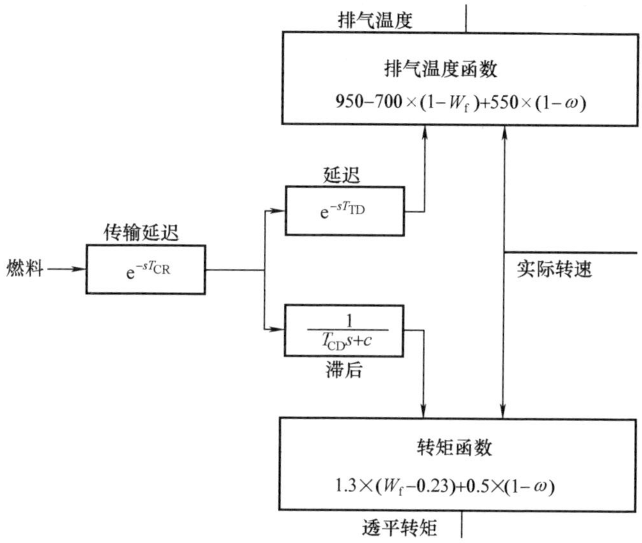

图 3－13　压缩机—透平机控制模型

3.1.3　燃料电池

化学电源俗称电池，是将化学能直接转变为电能的一种能量转换装置，是通过连续供给燃料而连续获得电力的发电装置。燃料电池的工作原理与普通电池相同，也有电解质、电极和正负极连接端子等结构，也是一种将燃料的化学能直接转化为电能的装置。普通电池中，用来提供化学能的物质在使用一段时间后，需再次充电才能继续使用，否则需换新的；而在燃料电池中只要向电极供给“燃料”和氧化剂，就可连续不断地将化学能转化为电能。它像一个发电机，一面不断加入燃料，一面不停发电。燃料电池发电是清洁的发电方式之一。人们称为继水电、火电和核电之后的第 4 种持续发电方式。燃料电池发电由于具有热效率比其他火力发电方式高、无任何污染、燃料来源广泛等特点，在未来的几十年中将会得到较大的发展。

一、燃料电池工作原理

燃料电池是一种将燃料化学能直接转换为电能的发电设备，其化学反应物（燃料和氧化物）由外部随时供给，可连续输出电能[11]。

燃料电池发电时，电池的电解质（酸、碱、固体氧化物等）将电极隔开，由电池外部将反应物（燃料、氧化剂）分别供给电池的阳极和阴极，发生电化学反应（燃料的氧化过程），通过电解质传送带电离子，产生电位差，引起电子在外电路流动，形成低压直流电，同时还产生水和二氧化碳。若连续供给燃料，电池就可连续发电。燃料电池工作原理图如图 3－14 所示。

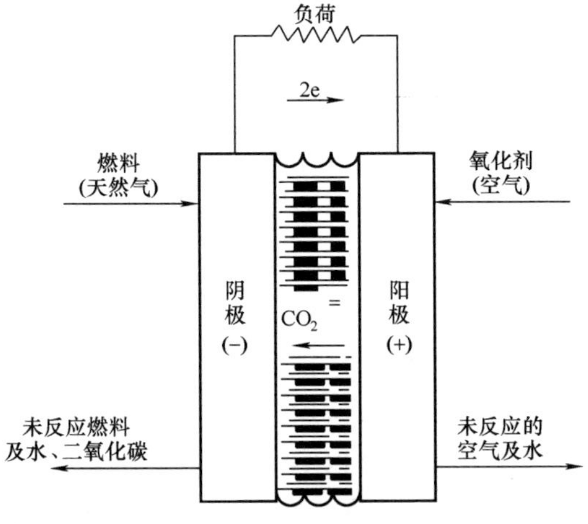

图 3－14　燃料电池工作原理图

燃料经电化学反应使化学能转换成电能的过程与电解水产生氢和氧的反应过程相反。以磷酸型电池为例，其反应式为

燃料极（阴极）　　$H_2 \rightarrow 2H^+ + 2e^-$

空气极（阳极）　　$\frac{1}{2}O_2 + 2H^+ 2e^- \rightarrow H_2O$

综合反应 $$H_2+\frac{1}{2}O_2\rightarrow H_2O$$

由上面反应式可以看出，其反应与燃烧的反应式相同，只是燃烧时放出热量。

二、燃料电池的优点与缺点

燃料电池的优点有以下几点。

(1) 能量转换效率高。由于燃料电池将燃料的化学能直接转变为电能，因此它没有像通常的火力发电机组那样通过锅炉、汽轮机、发电机的能量形态变化，可避免转换过程中的能量损失，从而达到较高的发电效率。其理论效率可达 90%以上，供电可靠，噪声小，电能质量高，自动化程度高。容量在 250 kW～5MW 的燃料电池发电效率与先进火电机组的 300～500 MW 的效率相当。因此燃料电池是分布式电源的极佳选择。

(2) 无污染。燃料电池在发电过程中产生的物质是水，采取严格的脱硫和分离二氧化碳（CO_2）措施，几乎没有硫氧化合物 SO_x 和氮氧化物 NO_x 排放，二氧化碳排放量也极低，且没有噪声污染。

(3) 用水少、占地面积小、建设周期短。燃料电池本体结构简单、紧凑，是模块化组装，占地面积很小（如 2.85MW 碳酸盐电池占地仅 420m^2），且安装、调试、运行、操作都简便，建设工期短，易于检修，维护和扩建增容方便。

(4) 燃料多样化。燃料电池所用燃料很广泛，它的燃料主要是氢。除氢之外，凡是含氢量高又易分解的物质都可使用，如天然气、煤化气、石油、甲醇、乙醇、甲烷等。而氧可直接取自空气。

(5) 承受负荷变化能力强。燃料电池有极强的适应负荷变化能力，其变化范围可在 25%～100%之间，且电池效率不受影响。

燃料电池的缺点在于造价较高。

三、燃料电池发电系统

燃料电池发电装置是综合能量转换装置，反应过程产生的直流电也可用换流器转换成交流电，产生的热量可回收外供。燃料电池发电系统由以下几部分组成：①燃料供给转换装置，即给煤机和煤气发生器；②空气供给装置，即空气压缩机和过滤器；③电池本体，即电极、电解质和外电路；④余热回收装置，即余热锅炉。燃料电池发电系统构成如图 3－15 所示[12]。

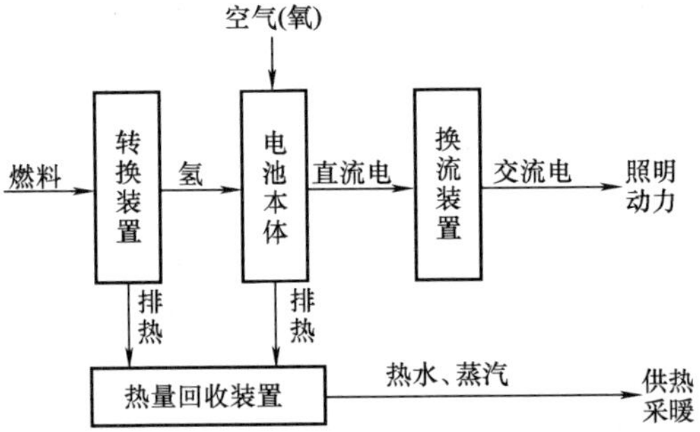

图 3－15 燃料电池发电系统构成

燃料电池可独立运行，也可与燃气轮机、汽轮机联合运行；可建在负荷中心或用户附近，实行热电联产，也可设在偏远地区或与电网相连。实行燃料电池、燃气轮机和汽轮机联合发电，可提高燃料利用率和电厂综合效率（达 60%～80%），增加电厂可靠性，降低电能成本。

燃料电池发电系统的输出电压方程式为[13]

$$U_{\text{cell}}=N\left[E_0+\frac{RT}{2F}\ln\frac{x_{H_2}^2 x_{O_2}}{x_{H_2O}^2}\right]-E_{\text{losses}} \tag{3-27}$$

式中：N 为串联燃料电池个数；E_0 为单个电池标准电动势；T 为温度；x 为相应气体的摩尔浓度；E_{losses} 为由于系统原因造成的电动势损失。

燃料电池输出的电能为直流，与配电网连接时需要通过逆变

器控制并转化为交流。由图 3－16 可以得到燃料电池输入电网的有功及无功功率为

$$\begin{cases} P = \dfrac{mU_{cell}U_s}{X}\sin\delta \\ Q = \dfrac{mU_sU_{cell}}{X} - \dfrac{U_s^2}{X} \end{cases} \tag{3-28}$$

式中：X 为连接燃料电池与电网的线路电抗；U_s 为配网侧电压。

通过逆变器控制参量 m 和 δ 来控制有功无功的输出，这与常规发电机调节功率的原理类似，因此在潮流计算中燃料电池可以当作 PV 节点来处理。但逆变器的无功输出是有上限的，当处理过程中出现无功越限，则转化为 PQ 节点来处理。

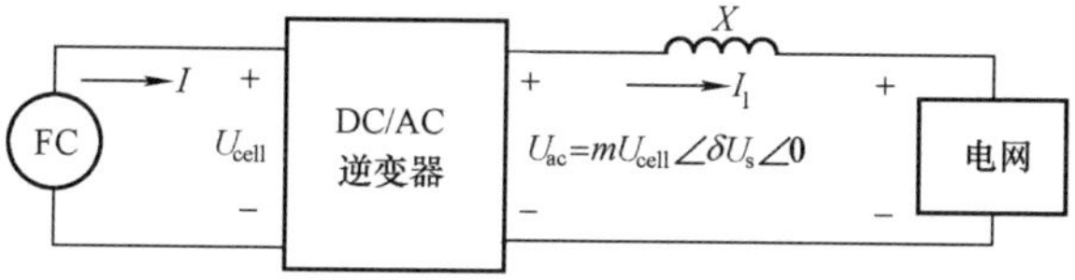

图 3－16　燃料电池接入电网等效图

3.1.4　太阳能光伏发电

一、概述

从能源供应的诸多因素考虑，太阳能无疑是符合可持续发展战略的理想绿色能源。全球能源专家们认定，太阳能将成为本世纪最重要的能源之一。

太阳能光伏发电有离网和并网两种工作方式，而并网光伏发电技术是当今世界光伏发电的趋势，是光伏技术步入大规模发电阶段，成为电力工业组成部分之一的重大技术步骤。并网光伏发电系统一般由光伏阵列模块、逆变器和控制器三部分组成。逆变器将光伏电池所产生的电能逆变成正弦电流并入电网中，控制器控制光伏电池最大功率点跟踪、逆变器并网的功率和电流的波形，从而使向电网输送的功率与光伏阵列模块所发的最大电能功率相平衡。

二、光伏电池的工作原理

光伏电池是以半导体P－N结上接受太阳光照产生光生伏特效应为基础，直接将光能转换成电能的能量转换器。其工作原理是当太阳光照射到半导体表面，半导体内部N区和P区中原子的价电子受到太阳光子的冲击，通过光辐射获取到超过禁带宽E_g的能量，脱离共价键的约束从价带激发到导带，由此在半导体材料内部产生出很多处于非平衡状态的电子—空穴对[14]。这些被光激发的电子和空穴，或自由碰撞，或在半导体中复合恢复到平衡状态。其中复合过程对外不呈现导电作用，属于光伏电池能量自动损耗部分。一般希望有更多的光激发载流子中的少数载流子运动到P－N结区，通过P－N结对少数载流子的牵引作用而漂移到对方区域，对外形成与P－N结势垒电场方向相反的光生电场。一旦接通外电路，即可有电能输出。当把众多这样小的太阳能光伏电池单元通过串并联的方式组合在一起，构成光伏电池组件，便会在太阳能的作用下输出功率足够大的电能。图3－17给出了当太阳光子冲击P－N结时，光生电能的形成过程[15]。

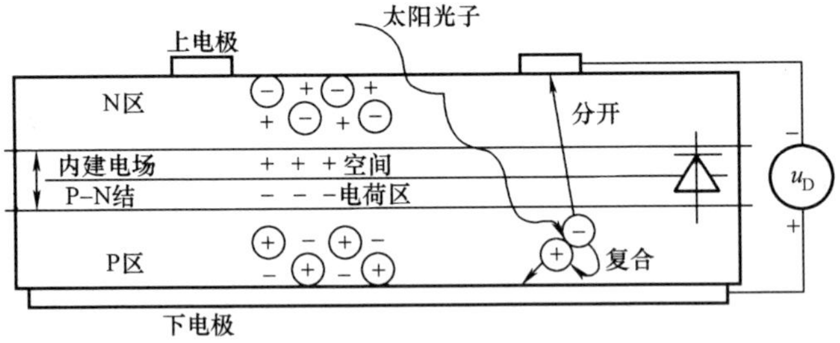

图3－17　光伏电池受光照形成电能示意图

如上所述，正是由于靠近P－N结的光生少数载流子，在P－N结的漂移作用下，N区的电子留在N区，空穴流向P区；P区的空穴留在P区，电子流向N区，因此构成了光生电场。

光生电场电压为

$$U_i = \frac{\kappa T}{q}\ln\left(\frac{N_a N_d}{n_i^2}\right) \tag{3-29}$$

式中：N_a、N_d 分别为电子和空穴密度；n_i 为光生少数载流子密度；κ 为玻尔兹曼常数（1.38×10^{-23}J/K）；q 为电子电荷(1.6×10^{-19}C)；T 为绝对温度。

从价带最上层到导带最下层间的能量差为禁带宽度，其幅值用 E_g 表示，单位为 eV。不同材料的禁带宽度各不相同（E_g＝0.2～3.7eV）。它决定了物质的导电性能，也是衡量光伏电池的一个重要的物理量。禁带宽度受材料、温度、半导体掺杂量和 P－N结结构影响，其经验公式为

$$E_g = E_{g(0)} - \frac{\alpha T^2}{\beta + T} \tag{3-30}$$

其中式（3－30）中 $E_{g(0)}$ 为绝对温度 0K 时的禁带宽度，常数 α 和 β 的值见表 3－1。

表 3－1　各半导体材料的禁带宽度参数

参数	锗（Ge）	硅（Si）	镓砷（GaAs）	硒铟铜（CIS）	碲化镉（CdTe）
E_g（0）（eV）	0.74	1.17	1.52	—	—
α（meV/K）	0.48	0.47	0.54	—	—
β（K）	235	636	204	—	—
25℃时 E_g（eV）	0.67	1.11	1.40	1.01	1.44

太阳光子的入射能量为

$$\varepsilon = hf = \frac{hc}{\lambda} \tag{3-31}$$

式中：h 为普朗克常数（$h=6.63\times10^{-32}$J・s$=4.14\times10^{-15}$eV・s，1eV$=1.6\times10^{-19}$J）；f 为入射光子频率；c 为光速（$c=3\times10^8$ m/s)；λ 为波长（80%的太阳辐射波长范围在 400～1 500nm 之间），因此一般太阳光子能带宽度在 0.83～ 3.10eV 之间。

只有当入射光子能量大于电子脱离 P－N 共价键束缚的能量时，才能激发电子从价带到导带。而当光子能量小于电子脱离 P－N共价键束缚的能量时，则不能激发出电子—空穴对，只能使光伏电池自身加热。

三、太阳能光伏电池的数学模型

当光照恒定时，由于光生电流 I_{ph}不随光伏电池的工作状态而变化，因此在等效电路中可以看成是一个恒流源。光伏电池的两端接入负载 R 后，光生电流流过负载，从而在负载的两端建立起端电压 U。负载端电压反作用于光伏电池的 P－N 结上，产生一股与光生电流方向相反的电流 I_d。此外，由于太阳能光伏电池板前后表面的电极以及材料本身所带有的电阻率，当工作电流流过板子时必然会引起电池板内部的串联损耗，故引入串联电阻 R_s。串联电阻越大，线路损失越大，光伏电池输出效率越低。在实际的太阳能光伏电池中，一般串联电阻都比较小，大都在 $10^{-3}\Omega$ 至几欧之间。另外，由于制造工艺的因素，光伏电池的边缘和金属电极在制作时可能会产生微小的裂痕、划痕，从而形成漏电导致本来要流过负载的光生电流短路掉，因此引入一个并联电阻 R_{sh}来等效。相对于串联电阻来说，并联电阻比较大，一般在 1kΩ 以上。太阳能光伏电池的等效电路如图 3－18 所示。

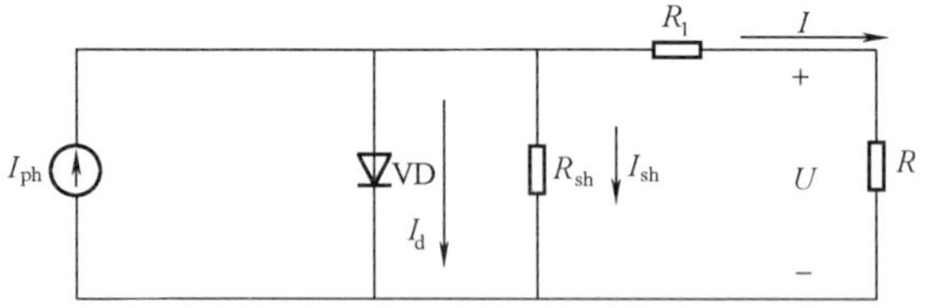

图 3－18 太阳能光伏电池的等效电路

由太阳能光伏电池等效电路可得出

$$I = I_{ph} - I_d - I_{sh} \tag{3-32}$$

式中：I 为流过负载的电流；I_{ph}为与日照强度成正比例的光生电流；I_{sh}为太阳能光伏电池的漏电流。

而有

$$I_d = I_0\left\{\exp\left[\frac{q(U+IR_s)}{AKT}\right]-1\right\} \tag{3-33}$$

式中：I_0 为反向饱和电流（一般而言，其数量级为 10^{-4}A）；q 为电子负荷（1.6×10^{-19}C）；K 为玻尔兹曼常数（1.38×10^{-23}J/K）；T 为绝对温度（$t+273$K）；A 为 PN 结理想因子；R_{sh}为光伏电池并联电阻；R_s 为光伏电池串联电阻。

此外

$$I_{sh} = \frac{U+IR_s}{R_{sh}} \tag{3-34}$$

所以，综合式（3－32）～式（3－34）可得

$$I = I_{ph} - I_0\left\{\exp\left[\frac{q(U+IR_s)}{AKT}\right]-1\right\} - \frac{U+IR_s}{R_{sh}} \tag{3-35}$$

四、太阳能光伏电池的输出特性

太阳能电池由于受外界因素（温度、日照强度等）影响很多，因此其输出具有明显的非线性，图 3－19 及图 3－20 分别给出了太阳能电池的伏安特性曲线和伏瓦特性曲线[16]。

由图 3－19 和图 3－20 可知，温度相同时，随着日照强度的增加，太阳能光伏电池的开路电压几乎不变，短路电流有所增加，最大输出功率增加；日照强度相同时，随着温度的升高，太阳能光伏电池的开路电压下降，短路电流有所增加，最大输出功率减小。此外，无论在任何温度和日照强度下，太阳能光伏电池板总有一个最大功率点，温度（或日照强度）不同，最大功率点位置也不同。因此，在光伏发电系统中，要提高系统的整体效率，一个重要的途径就是实时调整光伏阵列模块的工作点，使之始终工作在最大功率点附近，这一过程就称为最大功率点跟踪（Maximum Power Point Tracking，MPPT）。

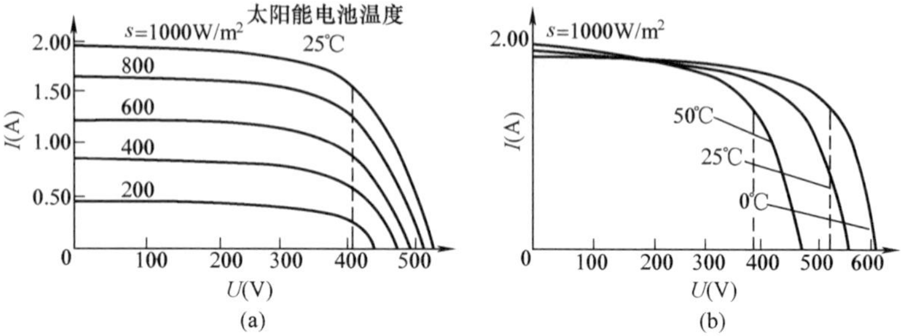

图 3-19　太阳能光伏阵列的伏安特性

（a）常温不同日照；（b）相同日照不同温度

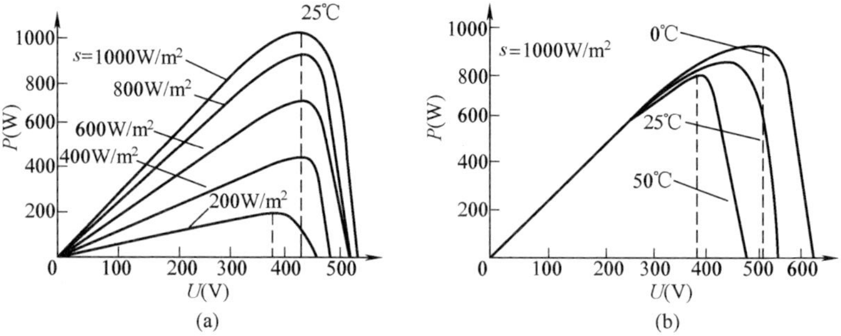

图 3-20　太阳能光伏阵列的伏瓦特性

（a）常温不同日照；（b）相同日照不同温度

3.1.5　储能技术

一、储能技术的种类及比较

电力系统储能技术主要有抽水蓄能、压缩空气储能（CAES）、飞轮储能、超导线圈储能（SMES）、超级电容器储能和铅酸蓄电池储能（BESS）等。

（1）抽水蓄能。抽水储能是世界上最古老的储能方法。它需要高低两个水库，在电网低谷负荷时，电动机将水抽到上游水库，电能以势能方式储存，而当电网高峰负荷时，上游水库向下游水库放水带动发电机旋转，势能转化为电能发电。目前世界上共有抽水蓄能电站近300座，我国目前已经建成和在建的有15座。抽水蓄能电站关键问题是需要有合适的高低两个水库，而符合这样地理条件的区域是不多的。此外，抽水蓄能电站破坏生态环境，建设时间长，投资量大，因此并不适宜在微电网中应用。

（2）压缩空气储能（CAES）。压缩空气储能方式的工作原理是在电网低谷时利用剩余电力驱动压缩机将空气储存于储气装置，当用电高峰时，储气装置排出高压空气与天然气或油等燃料混合燃烧后推动燃气轮机发电。世界上第一座CAES电站1978年始建于德国，容量为290 MW，目前仍在运行中。1991年，美国投运了一座CAES电站，容量为110 MW。建造压缩空气蓄能电站的关键问题是压缩空气的储存，最好利用现成的地下岩盐洞、现存矿洞或挖掘成的岩石洞来储存压缩空气。

（3）飞轮储能。飞轮储能将能量储存在高速旋转的飞轮中，所储存的能量和它的质量、旋转的速度平方成正比。20世纪90年代以来，高强度纤维材料、高温超导磁悬浮轴承、电力电子技术的快速发展，使飞轮储能技术逐渐走向成熟。飞轮储能具有能量密度高、工作效率高、循环使用寿命长、无环境污染的特点。目前，美国飞轮公司已经研制出了电动汽车用飞轮电池，AFS Trinity Power公司可以提供容量100kW和300 kW的UPS以及容量750 kW用于运输机车的飞轮系统。

（4）超导线圈储能（SMES）。SMES将能量存储在由流过超导线圈的直流电流产生的磁场中，储存的能量$E=0.5LI^2$（式中L为超导线圈电感，I为超导线圈中流过的电流）。SMES具有快速的电磁响应特性和很高的储能效率，而且使用寿命长。目前，在世界范围内有许多SMES工程正在进行或者处在研制阶段，美国是最早进行超导线圈储能研究开发的国家，美国超导公司和美国国际磁体通用公司的中小型SMES已经商用化。SMES的应用有赖于在两个方面取得突破：一是制备低成本、低损耗、机械性能良好的高温超导线材；二是提高低温系统和制冷系统的长期运行可靠性，降低其成本和维护运行费用。

（5）超级电容器储能。超级电容器利用双电层原理直接储存电能，其容量可达数万法拉，是介于蓄电池和传统电容器之间的一种新型储能装置。超级电容器储存的能量 $E=0.5CU^2$，与容量 C 和工作电压 U 的平方成正比。超级电容器体积小，质量轻，具有动态响应快、功率密度高、循环使用寿命长、环境友好、工作温度范围宽等优点，是一种非常有前途的储能器件。超级电容器储能技术实用化的关键是降低超级电容器的生产成本和提高超级电容器的能量密度。

（6）铅酸蓄电池储能（BESS）。铅酸蓄电池是最成熟的一种二次电池，是一种通用的低成本的储能器件，作为辅助电源或者动力电源广泛应用于各种消费电子、UPS、电力系统、汽车启动、机车牵引、电动汽车等。但是铅酸蓄电池有很多缺点：循环寿命短、污染环境、充电时间长、受温度影响大、维护工作量大等。在各种二次电池技术发展日新月异的条件下，这些缺点极大地限制了 BESS 的发展。

表 3－2 列出了超级电容器与蓄电池、超导储能以及飞轮储能的性能比较[17～20]。蓄电池技术成熟、价格低，但其循化寿命低、污染环境，即将被新型环保的储能元件取代。飞轮储能、超导储能和超级电容器均为优秀的储能元件，是未来的发展方向，它们具有类似的特性，都可以应用于微电网中。超导储能、飞轮储能可以用于快速补偿，但其功率密度比超级电容器低得多，效果要差一些。和其他储能方式相比，超导储能价格昂贵，除了超导本身的费用外，维持低温所需要的费用也相当可观。而飞轮储能受到转速及机械强度的限制。

表 3-2 各储能系统的性能比较

元件名称	蓄电池	超级电容器	超导储能	飞轮储能
能量密度（Wh/kg）	20～100	1～10	＜1	5～50
功率密度（W/kg）	50～200	7000～18 000	1000	180～1800
循环寿命（次）	10^3	$>10^6$	10^6	10^6
效率 η（%）	80～85	＞95	90	90～95
安全性	高	高	低	不高
维护量	小	很小	大	较大
对环境影响	污染	无污染	无污染	无污染
成本（p. u.）	1	8	20	4

在微电网中，由负荷或者微型电源导致的电能质量问题往往具有持续时间短、出现频繁的特点。相比较而言，作为短期储能装置，超级电容器更为理想。虽然目前超级电容器价格依然偏高，但随着价格的逐渐下降，超级电容器作为一种高效、实用、环保的能量存储装置，必然会成为理想的选择。

二、储能在微电网中的应用

储能在微电网中的应用可概括为提供短时供电、用于能量缓冲、改善电能质量、优化微型电源的运行，以及提高微电网的经济效益等。

（一）提供短时供电

微电网存在两种典型的运行模式：正常情况下微电网与常规配电网并网运行，称为并网运行模式；当检测到电网故障或电能质量不满足要求时，微电网将及时与电网断开从而独立运行，称为孤网运行模式。微电网往往需要从常规配电网中吸收部分有功功率，因而微电网在从并网模式向孤网模式转换时，会有功率缺额，安装储能设备有助于两种模式的平稳过渡。蓄电池、飞轮储能能量密度大，适宜为微电网提供短时供电。

（二）用作能量缓冲装置

由于微电网规模较小，系统惯性不大，网络及负荷经常发生的波动就显得十分严重，对整个微电网的稳定运行造成影响。我们总是期望微电网中高效发电机（如燃料电池）始终工作在它的额定容量下。但是微电网的负荷量并非整日保持不变，相反，它会随着天气变化等情况发生波动。为了满足峰值负荷供电，必须使用燃油、燃气的调峰电厂进行高峰负荷调整，但由于燃料价格很高，这种方式的运行费用太昂贵。

有效地解决这个问题，通常使用超级电容器储能，它可以在负荷低落时储存电源的多余电能，而在负荷高峰时回馈给微电网以调整功率需求。储能系统作为微电网必要的能量缓冲环节，其作用越来越重要。它不仅避免了为满足峰值负荷而安装发电机组，同时充分利用了负荷低谷时机组的发电，避免了浪费。

超级电容器功率密度大、能量密度高的特性使其成为处理尖峰负荷的最佳选择，而且采用超级电容器只需存储与尖峰负荷相当的能量。若采用蓄电池储能，需要存储几倍于尖峰负荷的能量。蓄电池曾经广泛用作储能单元，但是在微电网中需要频繁地进行充、放电控制，这样势必会大大缩短蓄电池的使用寿命。

在含有如电梯、提升机、地铁电站等恶性负荷的微电网中，配置超级电容器储能单元可以减少电力驱动系统对微电网的负面冲击影响。在负载侧有电动机或传动装置等强负载系统中，当大负载突然起动时，一般都需要一个很大的瞬间电流，这时，如果电源能量不足，电源电压将瞬间下降，从而使控制电路产生误操作，如果增大电源容量，对于平常不需大电流的工作场合来说，这显然是一种浪费。而在系统中增加大功率超级电容器就可用较小容量的电源驱动较大的负载。

（三）改善微电网的电能质量

人们对电能质量问题日益关注[21]。一方面，微电网作为电网要满足负荷对供电质量的要求，保证供电频率以及电压幅值变化、波形畸变率以及年停电次数等在一个很小的范围内；另一方面，大电网对微电网作为整体并入电网也提出了严格的要求，如对负荷功率因数、电流谐波畸变率和最大功率等都有严格限制。

储能系统对微电网电能质量的提高起到十分重要的作用。通过逆变器控制单元，可以调节超级电容器储能系统向用户及网络提供的无功及有功功率，从而达到提高电能质量的目的。由于超级电容器可快速吸收、释放大功率电能，非常适宜将其应用到微电网的电能质量调节装置中，用来解决系统中的一些暂态问题，如针对系统故障引发的瞬时停电、电压骤升、电压骤降等问题，此时利用超级电容器提供快速功率缓冲，吸收或补充电能，提供有功功率支撑进行有功或无功补偿，以稳定、平滑电网电压的波动。

对于风力发电、光伏发电等不可控的微型电源，发电机输出功率产生的波动会使电能质量下降。该类电源与储能装置的结合是解决诸如电压跌落、涌流和瞬时供电中断等动态电能质量问题的有效手段之一。

（四）优化微型电源的运行

绿色能源如太阳能、风能，其能量来源于本身的特性，决定了这些发电方式往往具有不均匀性，电能输出容易发生变化。随着风力和太阳光强度的变化，这些能源产生的电能输出也会发生相应的变化。这就需要使用一种缓冲器来存储能量。由于这些能源产生的电能输出可能无法满足微电网峰值电能的需求，因此可以采用储能装置在短时间内提供所需的峰值电能，直到发电量增大、需求量减少。

适量的储能可以在DG单元不能正常运行的情况下起过渡作用。如利用太阳能发电的夜间，风力发电在无风的情况下，或者其他类型的DG单元正处维修期间，这时系统中的储能就能起过渡的作用，其储能的多少主要取决于负荷需求。

另外，在能源产生的过程是稳定的而需求是不断变化的情况下，也需要使用储能装置。燃料电池与风能或太阳能不同，只要有燃料，它就能够持续输出稳定的电能。然而，负荷需求随着时间的变化有很大不同。如果没有储能装置，燃料电池就要做得很大以满足峰值能量需求，成本显得过高。通过将过剩的能量存储在储能装置中，就可以在短时间内通过储能装置提供所需的峰值能量。与燃料电池等高能量密度的物质相结合，超级电容器能提供快速的能量释放，满足高功率需求，从而使燃料电池可以仅作为能量源使用。将超级电容器的强大性能和燃料电池结合起来，可以得到尺寸更小、质量更轻、价格更低廉的燃料电池系统。

（五）提高微电网的经济效益

储能系统的应用，对微电网经济效益的提供有重要意义。

（1）大幅增加可再生能源的发电比例，缓解投资新的输电、配电线路以及新建发电厂的压力，降低系统成本；

（2）提供有效的备用容量，改善电力品质（比发电机有更快的启动速度），改善系统的可靠度、稳定度；

（3）提供有效的负载管理机制，降低尖峰时的供电成本，进而降低电价，提高经济效益；

（4）在电力市场中，储能系统能够大幅避免中断能源交易以及预测错误带来的损失，进而提供稳定的电价；

（5）不可调度的DG发电单元如太阳能、风能等，受天气等自然因素的影响比较大，DG单元拥有者不能制订一定的发电规划；但是有了能量储存，就可以在特定的时间提供所需的电能，而不必考虑此时 DG 单元能够发出多少电能，只需按照预先制定的发电规划进行发电。在电力市场的环境下，微电网与电网并网运行，有了足够的电力储存，微电网成为可调度的单元，微电网拥有者可以根据不同情况向电力公司卖电，提供调峰和紧急功率支持等服务，获取最大的经济效益。

三、超级电容器储能的原理及数学模型

（一）超级电容器储能系统的结构

超级电容器储能系统的基本结构如图 3－21 所示。超级电容器多为双电层结构，其活性碳电极和电解质之间是空间分布式结构，可用多个电容器的串并联描述超级电容器的特性。

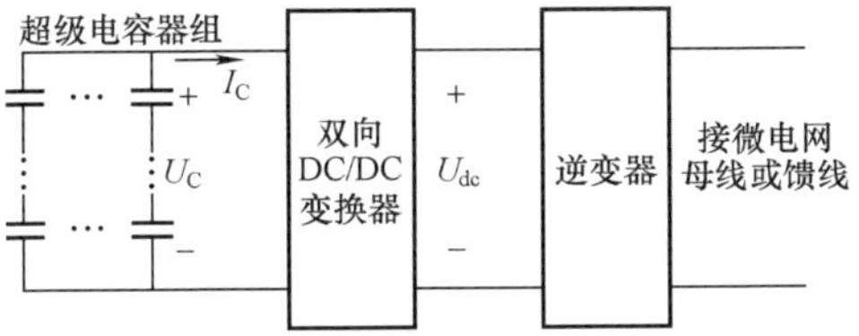

图 3－21　超级电容器储能系统结构示意

在超级电容器组充放电过程中，端电压范围变化大，通常必须采用 DC/DC 变换器作为接口电路来调节超级电容器的储能和释能。DC/AC 变换器可采用双向 DC/AC 逆变器，或者采用 AC/DC 整流器及 DC/AC 逆变器。超级电容器储能系统并联在微电网中母线或者馈线上。

超级电容器储能系统利用多组超级电容器将能量以电场能的形式储存起来，当能量紧急缺乏或需要时，再将存储的能量通过控制单元释放出来，准确快速补偿系统所需的有功和无功，从而实现电能的平衡与稳定控制。超级电容器本身的优点使得它在应用于分布式发电时，在与其他储能方式的互相竞争中胜出。

（二）超级电容器在微电网中的运行策略

当并网运行时，微电网内的功率波动由大电网进行平衡，此

时储能处于充电备用状态。当微电网由并网运行切换到孤网运行时，中央储能立即启动，弥补功率缺额。微电网孤网运行时负荷的波动或者微型电源的波动则可以由中央储能或者分布式储能平衡。其中，微型电源的功率波动有两种平衡方式，即将分布式储能和需要储能的微型电源并联接在某馈线上，或者将储能直接接入该微型电源的直流母线上。

（三）超级电容器的控制原理

对超级电容器的控制主要体现在 DC/DC 变换器、DC/AC 变换器的控制上。近年来，变换器控制技术发展迅速，由最早的开环控制发展到输出电压瞬时反馈控制，由模拟控制逐渐发展到全数字控制。当前的数字控制方法有数字 PID 控制、状态反馈控制、模糊控制以及神经网络控制等。其中，数字 PID 控制方法是工程实践中应用最广泛的控制方法。

双向 DC/DC 变换器实现直流低压侧超级电容器组与直流高压侧之间的能量转换。DC/DC 变换器的控制目标不能简单设定为维持储能电容器直流高压侧电压恒定，同时还需满足超级电容器的功率限制，其控制框图如图 3-22 所示。

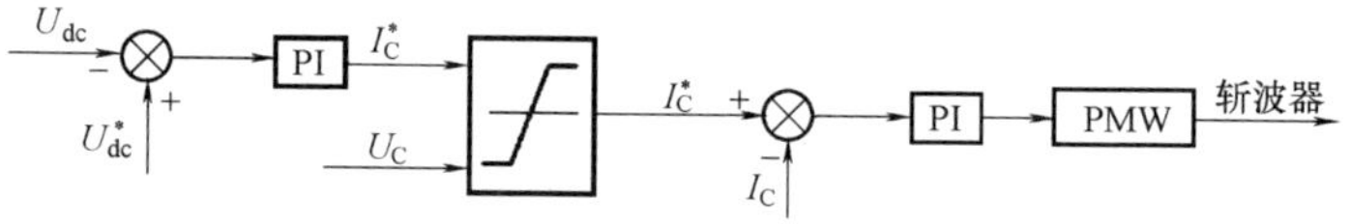

图 3-22　DC/DC 变换器的控制

DC/AC 变换器目前存在多种控制方式。参考文献［22］提出一种采用 dq0 坐标的稳态模型，在此基础上设计了 PI 控制器，实现了有功功率和无功功率的同时独立调节。文献［23］采用基于同步旋转坐标系的前馈补偿闭环控制，能有效地抑制电压暂降问题。文献［24］提出基于模糊—规则的智能控制系统，利用预测的风电功率、储能装置的效果及交流电压的测量来调节、整定功率水平，实现对微型电源运行的优化。图 3-23 所示为本书采用的 DC/AC 变换器的控制模型。

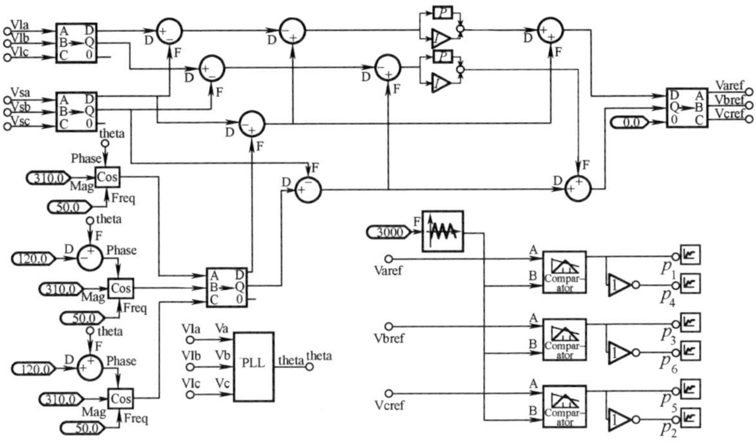

图 3-23 DC/AC 变换器的控制模型

3.2 微电网并网技术

微电网基本单元应包含分布式发电单元、储能装置、管理系统以及负荷。传统电力系统的电源都是同步发电机。然而，分布式发电单元因燃料来源不同而各不相同，我们可以将供电电源分成三个基本的大类。

（1）直流电源，如燃料电池、太阳能电池、蓄电池以及储能电容器等，其并网方式如图 3-24 所示。

（2）交—直—交电源，如微型燃气轮机，其发出的交流电需要整流然后逆变，如图 3-25 所示。

（3）工频交流电源，如以笼型感应电机为主的风力发电机和传统的小功率同步发电机。

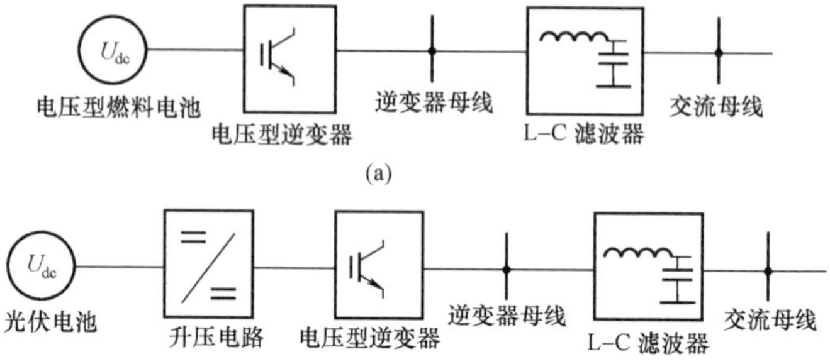

(b)

图 3-24 直流供电电源

(a) 燃料电池；(b) 太阳能电池

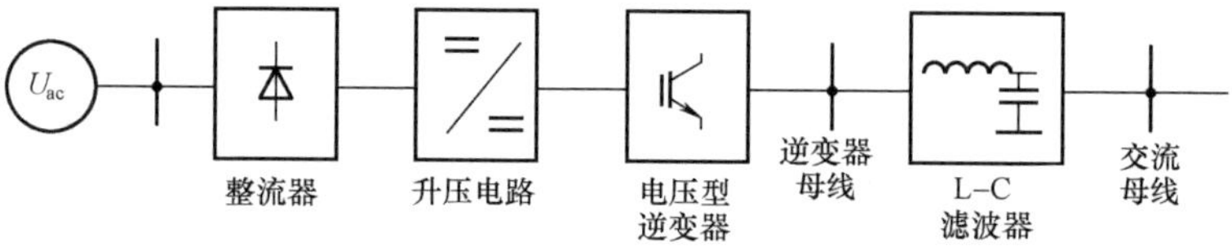

图 3-25 交—直—交供电电源

3.3 变换器特性及工作原理

3.3.1 变流技术在微电网中的应用

分布式发电广泛采用了新型替代能源，如风能发电、光电池、微型汽轮机和燃料电池等，这些分布式电源及其所组成的微电网作为现代电网的组成部分起着变革性的作用。分布式发电和微电网系统中，电力电子设备在能量的转换中起到极其关键的作用[25]。电力电子变流技术将扮演一个“使能够（Enabling）”的角色，使 FACTS、DG、DG-FACTS 及可再生能源的利用、微电网以及电力系统现代化成为“可能”。

根据微电网中分布式电源种类的不同，应用的变流技术也有所不同。如光伏发电等直流电源，直接由逆变器转换为工频交流电；而微型燃气轮机以及风电等间歇式交流电源，则需要整流逆变装置，变换为工频交流电。由于大量分布式电源为间歇性能源，需要储能装置作为瞬时电压支撑，保证电压质量，储能设备的控制与电能转换同样需要逆变器支持[26]。

下面将分别介绍微电网中变流设备的原理和控制方法。

3.3.2　整流原理和控制方法

一、整流原理

随着 PWM 整流器技术的发展，已设计出多种 PWM 整流器，并可分类如下：按直流储能形式分为电压型和电流型；按电网相数分为单相、两相和三相；按 PWM 开关调制分为硬开关调制和软开关调制；按桥路结构分为半桥电路和全桥电路；按调制电平分为二电平、三电平和多电平电路。

尽管分类方法多种多样，但最基本的分类方法就是将 PWM 整流器分类成电压型和电流型两大类，这主要是因为电压型、电流型 PWM 整流器，无论是在主电路结构、PWM 信号发生以及控制策略等方面均有各自的特点，并且两者间存在电路上的对偶性。其他分类方法就主电路拓扑结构而言，均可归类于电流型或电压型 PWM 整流器之列。

电压型 PWM 整流器（VSR）最显著拓扑特征就是直流侧采用电容进行直流储能，从而使 VSR 直流侧呈低阻抗的电压源特性。常用的三相整流桥电路拓扑模型如图 3－26 所示。

所谓三相 VSR 一般数学模型就是根据三相 VSR 拓扑结构，在三相静止坐标系（a，b，c）中利用电路基本定律（基尔霍夫电压、电流定律）对 VSR 所建立的一般数学描述。针对三相 VSR 一般数学模型的建立，通常作以下假设：

（1）电网电动势为三相平稳的纯正弦波电动势（e_a，e_b，e_c）；

（2）网侧滤波电感 L 是线性的，且不考虑饱和；

（3）功率开关损耗以电阻 R_s 表示，即实际的功率开关可由

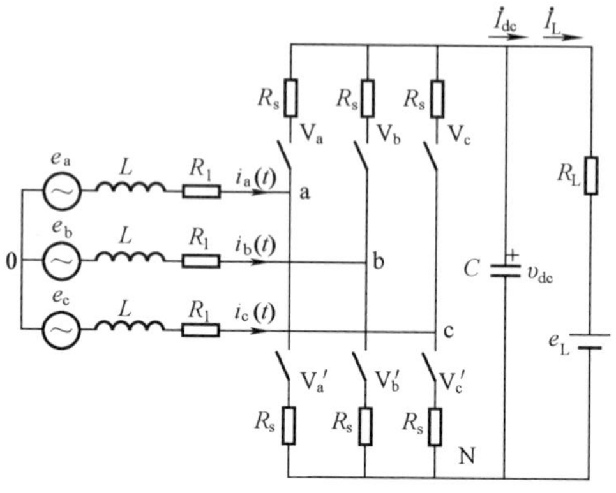

图 3-26　常用的三相整流桥电路拓扑模型

理想开关与损耗电阻 R_s 串联等效表示；

（4）为描述 VSR 能量的双向传输，三相 VSR 的直流侧负载由电阻 R_L 和直流电动势 e_L 串联表示。

根据三相 VSR 特性分析需要，三相 VSR 一般数学模型的建立可采用以下两种形式：

（1）采用开关函数描述的一般数学模型；

（2）采用占空比描述的一般数学模型。

采用开关函数描述的一般数学模型是对 VSR 开关过程的精确描述，较适合于 VSR 的波形仿真。然而，由于该模型包括了其开关过程的高频分量，很难用于指导控制器设计。当 VSR 开关频率远高于电网基波频率时，为简化 VSR 的一般数学描述，可忽略 VSR 开关函数描述模型中的高频分量，即只考虑其中的低频分量，从而获得采用占空比描述的低频数学模型。这种采用占空比描述的 VSR 低频数学模型非常适合于控制系统分析，并可直接用于控制器设计。但是，由于这类模型略去了开关过程的高频分量，因而不能进行精确的动态波形仿真。总之，采用开关函数描述的以及采用占空比描述的 VSR 一般数学模型在 VSR 控制系统设计和系统仿真中各自起着重要作用。常用后者对 VSR 控制系统进行设计，然后再用前者对 VSR 控制系统进行仿真，从而校验控制系统设计的性能指标。

以三相 VSR 拓扑结构为例，建立采用开关函数描述的 VSR 一般数学模型，当直流电动势 $e_L=0$ 时，直流侧为纯电阻负载，此时三相 VSR 只能运行于整流模式，当 $e_L>u_{dc}$时，三相 VSR 既可运行于整流模式，又可运行于有源逆变模式。当运行于有源逆变模式时，三相 VSR 将 e_L 所发电能向电网侧输送，有时也称这种模式为再生发电模式；当 $e_L<u_{dc}$时，三相 VSR 也只能运行于整流模式。为分析方便，首先定义单极性二值逻辑开关函数 s_k 为

$$s_k=\begin{cases}1 & \text{上桥臂导通，下桥臂关断}\\0 & \text{上桥臂关通，下桥臂导通}\end{cases}\quad (k=\text{a，b，c}) \tag{3-36}$$

将三相 VSR 功率管损耗等值电阻 R_s，同交流滤波电感等值电阻 R_t，合并，且令 $R=R_l+R_t$，采用基尔霍夫电压定律建立三相 VSR a 相回路方程

$$L\frac{di_a}{dt}+Ri_a=e_a-(u_{aN}+u_{N0}) \tag{3-37}$$

当 V_a 导通而 V'_a 关断时，$s_a=1$，且 $u_{aN}=u_{dc}$；当 V_a 关断而 V'_a 导通时，开关函数 $s_a=0$，且 $u_{aN}=0$。由于 $u_{aN}=u_{dc}s_a$，式（3-37）改写成

$$L\frac{di_a}{dt}+Ri_a=e_a-(u_{dc}s_a+u_{N0}) \tag{3-38}$$

同理，可得 b 相、c 相方程有

$$L\frac{di_b}{dt}+Ri_b=e_b-(u_{dc}s_b+u_{N0}) \tag{3-39}$$

$$L\frac{di_c}{dt}+Ri_c=e_c-(u_{dc}s_c+u_{N0}) \tag{3-40}$$

考虑三相对称系统，则

$$e_a + e_b + e_c = 0; \quad i_a + i_b + i_c = 0 \tag{3-41}$$

联立式（3-38）～式（3-41），可得

$$u_{N0} = -\frac{u_{dc}}{3}\sum_{k=a,b,c} s_k \tag{3-42}$$

在图 3-36 中，任何瞬间总有三个开关管导通，其开关模式共有 $2^3=8$ 种，因此，直流侧电流 i_{dc} 可描述为

$$\begin{aligned} i_{dc} = & i_a s_a \bar{s}_b \bar{s}_c + i_b s_b \bar{s}_c \bar{s}_a + i_c s_c \bar{s}_b \bar{s}_a + (i_c + i_b) s_a s_b \bar{s}_c \\ & + (i_a + i_c) s_a s_c \bar{s}_b + (i_b + i_c) s_b s_c \bar{s}_a \\ & + (i_a + i_b + i_c) s_a s_b s_c = i_a s_a + i_b s_b + i_c s_c \end{aligned} \tag{3-43}$$

另外，对直流侧电容正极节点处应用基尔霍夫电流定律，得

$$C\frac{du_{dc}}{dt} = i_a s_a + i_b s_c + i_c s_c - \frac{u_{dc} - e_L}{R_L} \tag{3-44}$$

联立式（3-38）～式（3-43），并考虑引入状态变量 X，且 $X=[i_a, i_b, i_c, u_{dc}]^T$，则采用单极性二值逻辑开关函数描述的三相 VSR 一般数学模型的状态变量表达式为

$$ZX = AX + BE \tag{3-45}$$

其中

$$A = \begin{bmatrix} -R & 0 & 0 & -(s_a - \frac{1}{3}\sum_{k=a,b,c} s_k) \\ 0 & -R & 0 & -(s_b - \frac{1}{3}\sum_{k=a,b,c} s_k) \\ 0 & 0 & -R & -(s_c - \frac{1}{3}\sum_{k=a,b,c} s_k) \\ s_a & s_b & s_c & -1/R_L \end{bmatrix}$$

$$Z = \begin{bmatrix} L & 0 & 0 & 0 \\ 0 & L & 0 & 0 \\ 0 & 0 & L & 0 \\ 0 & 0 & 0 & C \end{bmatrix}$$

$$B=\begin{bmatrix}1&0&0&0\\0&1&0&0\\0&0&1&0\\0&0&0&\dfrac{1}{R_{\mathrm{L}}}\end{bmatrix}$$

$$E=[e_{\mathrm{a}},e_{\mathrm{b}},e_{\mathrm{c}},e_{\mathrm{L}}]^{\mathrm{T}}$$

由式（3-38）～式（3-43）不难得出，在三相静止坐标系（a，b，c）中，三相 VSR 开关函数模型为

$$\begin{cases}C\dfrac{\mathrm{d}u_{\mathrm{dc}}}{\mathrm{d}t}=\sum\limits_{k=\mathrm{a,b,c}}i_k s_k-i_{\mathrm{L}}\\L\dfrac{\mathrm{d}ik}{\mathrm{d}t}+Ri_k=e_k-u_{\mathrm{dc}}(s_k-\dfrac{1}{3}\sum\limits_{k=\mathrm{a,b,c}}s_k)\\\sum\limits_{k=\mathrm{a,b,c}}e_k=\sum\limits_{k=\mathrm{a,b,c}}i_k=0\end{cases}\tag{3-46}$$

式中：s_k 为单极性二值逻辑开关函数（k=a，b，c）；i_{L} 为 VSR 直流侧负载电流。

其模型结构如图 3-27 所示。为使三相静止坐标系(a，b，c)

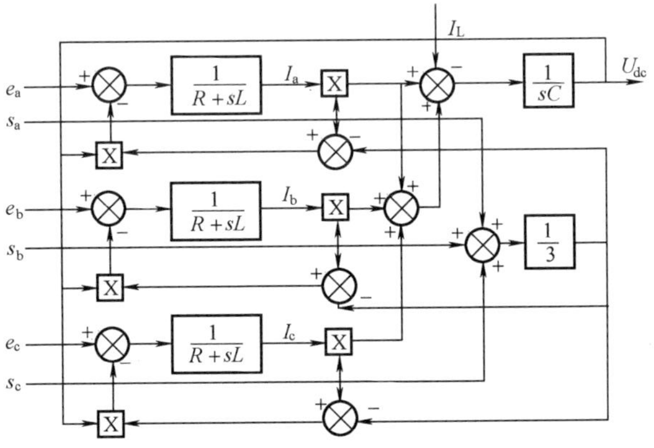

图 3-27　三相静止坐标系（a，b，c）中三相 VSR 开关函数模型结构图

转换成同步坐标系（d，q），首先可将三相静止坐标系（a，b，c）转换成两相静止坐标系（D，Q），如图 3-28 所示。

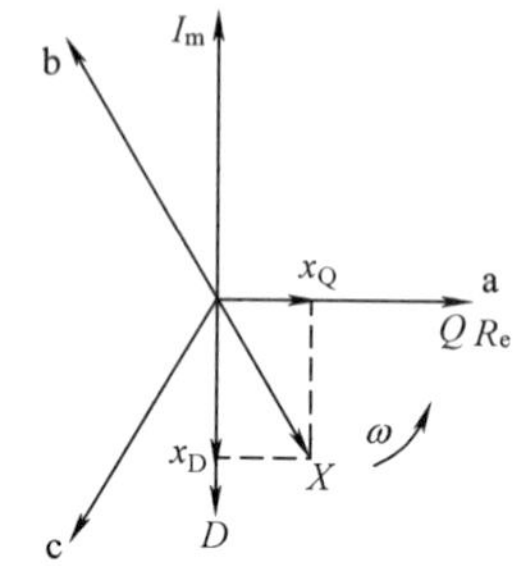

图 3-28 （a，b，c）坐标系、（D，Q）坐标系及矢量分解

考虑通用矢量 X，选择等量坐标变换，X 在 QD 轴上的投影为 x_Q、x_D，在 abc 轴上的投影为 x_a、x_b、x_c，显然有

$$\begin{bmatrix} x_Q \\ x_D \end{bmatrix} = \frac{2}{3}\begin{bmatrix} 1 & -\frac{1}{2} & -\frac{1}{2} \\ 0 & -\frac{\sqrt{3}}{2} & \frac{\sqrt{3}}{2} \end{bmatrix}\begin{bmatrix} x_a \\ x_b \\ x_c \end{bmatrix} \tag{3-47}$$

或

$$\begin{bmatrix} x_a \\ x_b \\ x_c \end{bmatrix} = \frac{2}{3}\begin{bmatrix} 1 & 0 \\ -\frac{1}{2} & -\frac{\sqrt{3}}{2} \\ -\frac{1}{2} & -\frac{\sqrt{3}}{2} \end{bmatrix}\begin{bmatrix} x_a \\ x_b \end{bmatrix} \tag{3-48}$$

以上式中，若针对三相 VSR 讨论，则有

$$\begin{cases} x_k \in \{e_k, i_k, s_k\}(k = \mathrm{a,b,c}) \\ x_l \in \{e_l, i_l, s_l\}(l = \mathrm{D,Q}) \end{cases} \tag{3-49}$$

将式（3-48）代入式（3-46）化简，得两相静止坐标系（D，Q）中的三相 VSR 开关函数模型为

$$\begin{cases} C\frac{\mathrm{d}u_{dc}}{\mathrm{d}t} = \frac{3}{2}(i_Q s_Q + i_D s_D) - i_D \\ L\frac{\mathrm{d}i_Q}{\mathrm{d}t} + Ri_Q = e_Q - u_{dt} s_Q \\ L\frac{\mathrm{d}i_D}{\mathrm{d}t} + Ri_D = e_D - u_{dc} s_D \end{cases} \tag{3-50}$$

式中：s_D、s_Q 为（D，Q）坐标系中单极性二值逻辑开关函数。

为将两相静止坐标系（D，Q）中的数学模型进一步变换成两相同步旋转坐标系（d，q）中的数学模型，可以在复平面上构造一复矢量，且令

$$X_{DQ} = x_Q - jx_{DQ}$$
$$X_{DQ} \in \{E_{DQ}, I_{DQ}, S_{DQ}\} \tag{3-51}$$

式中：E_{DQ}为三相电网电动势复矢量；I_{DQ}为三相 VSR 网侧电流复矢量；S_{DQ}为开关函数复矢量。

将式（3－50）写成复矢量形式，即

$$\begin{cases} C\dfrac{du_{dc}}{dt} = \dfrac{3}{2}\text{Re}\{I_{DQ}\overline{S}_{DQ}\} - i_t \\ L\dfrac{dI_{DQ}}{dt} + RI_{DQ} = E_{DQ} - u_k S_{DQ} \end{cases} \tag{3-52}$$

式中：$\overline{S}_{DQ}$为 S_{DQ}的共轭复矢量。

假设初始状态下，（D，Q）坐标系与（d，q）坐标系重合，且 q 轴与 Q 轴重合。当（d，q）坐标系以电网基波角频率同步旋转时，若引入旋转因子，则同步旋转坐标系（d，q）中的通用复矢量可表达为

$$e^{i\theta}x_{dq} = x_{DQ}; \quad \theta = \int w dt; \quad w = 2\pi f \tag{3-53}$$

将式（3－53）代入式（3－52），得三相 VSR（d，q）坐标系复矢量方程

$$\begin{cases} C\dfrac{du_{dc}}{dt} = \dfrac{3}{2}\text{Re}\{I_{dc}\overline{S}_{dq}\} - i_L \\ L\dfrac{dI_{dq}}{dt} + jwLI_{dq} + RI_{dq} = E_{dq} - u_k S_{dq} \end{cases} \tag{3-54}$$

其中

$$\begin{aligned} &I_{dq} = i_t - ji_d; S_{dq} = s_t - js_d; \\ &E_{dq} = e_t - je_d; \overline{S}_{dc} = s_t + js_d \end{aligned} \tag{3-55}$$

将式（3－55）代入式（3－54），并分解成 d、q 分量，可得

三相 VSR 在两相同步旋转坐标系（d，q）中的数学模型为

$$
\begin{cases}
C\dfrac{\mathrm{d}u_{\mathrm{dc}}}{\mathrm{d}t}=\dfrac{3}{2}(i_{\mathrm{q}}s_{\mathrm{d}}+\mathrm{i}+\mathrm{s})-i_{\mathrm{L}}\\
L\dfrac{\mathrm{d}i_{\mathrm{q}}}{\mathrm{d}t}+wLi_{\mathrm{d}}+Ri_{\mathrm{q}}=e_{\mathrm{q}}-u_{\mathrm{dc}}s_{\mathrm{q}}\\
L\dfrac{\mathrm{d}i_{\mathrm{d}}}{\mathrm{d}t}-wLi_{\mathrm{d}}+Ri_{\mathrm{d}}=e_{\mathrm{d}}-u_{\mathrm{dc}}s_{\mathrm{d}}
\end{cases}
\tag{3-56}
$$

其模型结构图如图 3-29 所示。

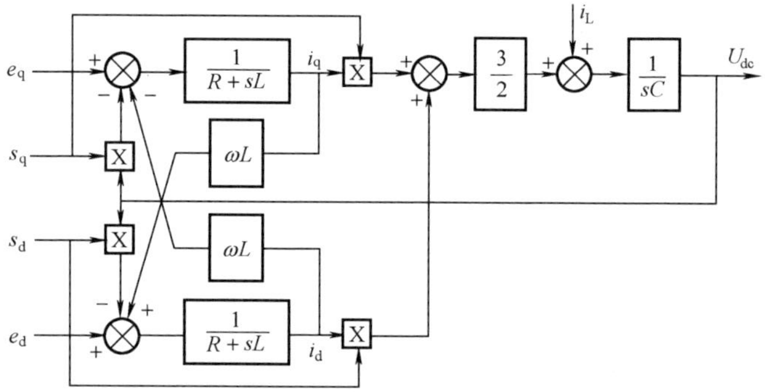

图 3-29　两相同步旋转坐标系（d，q）中三相 VSR 开关函数模型结构图

二、整流控制

以上讨论了三相 VSR dq 模型的建立，对于三相交流对称系统，若只考虑交流基波分量，则稳态时 dq 模型的 d、q 分量均为直流变量；另一方面，适当选取同步旋转坐标系（d，q）的初始参考轴方向，如 q 轴与电网电动势矢量 Edq 重合，则 q 轴表示有功分量参考轴，而 d 轴表示无功分量参考轴，从而有利于三相 VSR 网侧有功、无功分量的独立控制。在三相 VSR 控制系统设计中，一般采用双环控制，即电压外环和电流内环。电压外环的作用主要是控制三相 VSR 直流侧电压，而电流内环的作用主要是按电压外环输出的电流指令进行电流控制，如实现单位功率因数正弦波电流控制。

在三相 VSR 控制系统中，一般采用双环控制，即电压外环和电流内环。电压调节器作为外环控制，一方面控制三相 VSR 直流侧输出电压 U_{dc}，跟踪电压给定值 U_{dc}^{*}；另一方面通过 PI 调节器得到有功输入电流分量的参考值 i_d^{*}，无功电流分量的参考值 $i_q^{*}=0$。而电流内环的作用主要是按电压外环输出的电流指令进行电流控制，如实现单位功率因数正弦波电流控制。

在 VSR 系统设计中，其交流侧电感和直流侧电容的设计及参数选择至关重要。对于 VSR 交流侧电感，其取值不仅影响到电流环的动、静态响应，而且还制约着 VSR 输出功率、功率因数以及直流电压。而 VSR 直流侧电容的选取则直接影响直流电压的跟随性指标以及电压环的抗扰性指标。

（一）电流内环控制系统设计

三相 VSR（d，q）坐标系中，其 dq 模型可描述为

$$\begin{bmatrix} e_d \\ e_q \end{bmatrix}=\begin{bmatrix} Lp+R & -wL \\ wL & Lp+R \end{bmatrix}\begin{bmatrix} i_d \\ i_q \end{bmatrix}+\begin{bmatrix} u_d \\ u_q \end{bmatrix} \tag{3-57}$$

$$\frac{3}{2}(u_d i_d+u_q i_q)=u_{dc} i_{dc} \tag{3-58}$$

式中：e_d、e_q 为电网电动势矢量 E_{dq}的 d、q 分量；u_d、u_q 为三相 VSR 交流侧电压矢量 U_{dq}的 d、q 分量；i_d、i_q 为三相 VSR 交流侧电压矢量 I_{dq}的 d、q 分量；p 为微分算子。

设 dq 坐标系中 q 轴与电网电动势矢量 E_{dq}重合，则电网电动势矢量 d 轴分量 $e_d=0$。

由式（3-57）可以看出，由于 VSR d、q 轴变量相互耦合，因而给控制器设计造成一定困难。为此，可采用前馈解耦控制策略，当电流调节器采用 PI 调节器时，则 u_d、u_q 的控制方程如下

$$u_q=-\left(K_{ip}+\frac{K_{iI}}{s}\right)(i_q^{*}-i_q)-wLi_d+e_q \tag{3-59}$$

$$u_d=-\left(-K_{ip}+\frac{K_{iI}}{s}\right)(i_d^{*}-i_d)+wLi_q+e_d \tag{3-60}$$

式中：K_{ip}、K_{iI}为电流内环比例调节增益和积分调节增益；i_q^*、i_d^* 为 i_q、i_d 电流指令值。

将式（3－59）、式（3－60）代入式（3－57），并化简得

$$p\begin{bmatrix} i_d \\ i_q \end{bmatrix}=\begin{bmatrix} -[R-\left(K_{ip}+\frac{K_{iI}}{s}\right)/L & 0 \\ 0 & -[R-\left(K_{ip}+\frac{K_{iI}}{s}\right)]/L \end{bmatrix}$$

$$\begin{bmatrix} i_d \\ i_q \end{bmatrix}-\frac{1}{L}\left(K_{ip}+\frac{K_{iI}}{s}\right)\cdot\begin{bmatrix} i_d^* \\ i_q^* \end{bmatrix} \tag{3-61}$$

显然式（3－61）表明：基于前馈的控制算法，即式(3－59)和式（3－60）使三相 VSR 电流内环（i_d，i_q）实现了解耦控制，如图 3－30 所示。考虑电流内环信号采样的延迟和 PWM 控制的小惯性特性，i_q 电流内环结构如图 3－31 所示。

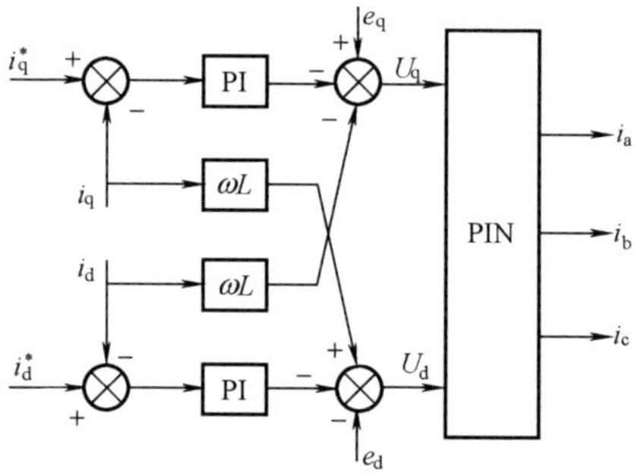

图 3－30　三相 VSR 电流内环解耦控制结构

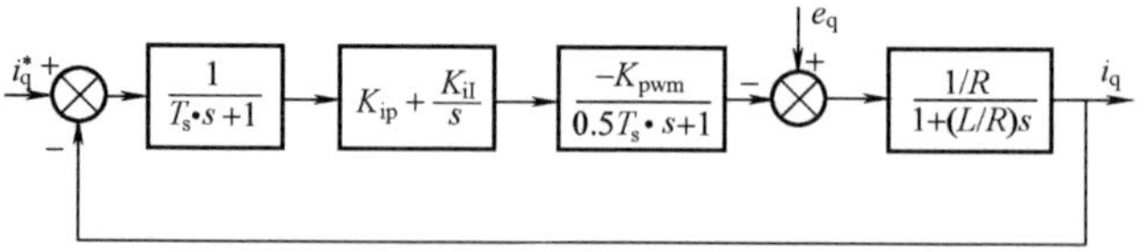

图 3－31　i_q 电流环结构图

（二）电压外环控制系统设计

电压外环控制的目的是为了稳定 VSR 直流侧电压 u_{dc}，令三

相电网基波电动势为

$$\begin{cases} e_{\mathrm{a}} = E_{\mathrm{m}}\cos(\omega t) \\ e_{\mathrm{b}} = E_{\mathrm{m}}\cos(\omega t - 120^\circ) \\ e_{\mathrm{c}} = E_{\mathrm{m}}\cos(\omega t + 120^\circ) \end{cases} \tag{3-62}$$

为简化控制系统设计，当开关频率远高于电网电动势基波频率时，可忽略 PWM 谐波分量，即只考虑开关函数 s_k（k=a，b，c）的基波分量，则

$$\begin{cases} s_{\mathrm{a}} \approx 0.5m\cos(\omega t - \theta) + 0.5 \\ s_{\mathrm{b}} \approx 0.5m\cos(\omega t - \theta - 120^\circ) + 0.5 \\ s_{\mathrm{c}} \approx 0.5m\cos(\omega t - \theta + 120^\circ) + 0.5 \end{cases} \tag{3-63}$$

式中：θ 为开关函数基波初始相角；m 为 PWM 调制比（$m \leqslant 1$）。

对于单位功率因数正弦波电流控制，三相 VSR 网侧电流为

$$\begin{cases} i_{\mathrm{a}} \approx I_{\mathrm{m}}\cos(\omega t) \\ i_{\mathrm{b}} \approx I_{\mathrm{m}}\cos(\omega t - 120^\circ) \\ i_{\mathrm{c}} \approx I_{\mathrm{m}}\cos(\omega t + 120^\circ) \end{cases} \tag{3-64}$$

另外，三相 VSR 直流侧电流可由开关函数描述如下

$$i_{\mathrm{dc}} = s_{\mathrm{a}} i_{\mathrm{a}} + s_{\mathrm{b}} i_{\mathrm{b}} + s_{\mathrm{c}} i_{\mathrm{c}} \tag{3-65}$$

将式（3-63）、式（3-64）代入式（3-65）化简得

$$i_{\mathrm{dc}} \approx 0.75mI_{\mathrm{m}}\cos\theta \tag{3-66}$$

综合以上分析，三相电压外环控制结构图如图 3-32 所示。

图 3-32 中，τ_{v} 为电压外环采样小惯性时间常数；K_{v}、T_{v} 为电压外环 PI 调节器参数，W_{ci}（S）为电流内环等效传递函数，由前面分析已知 $W_{\mathrm{ci}}(s) \approx 1/(1+3T_{\mathrm{s}}s)$。图 3-32 中，$0.75m\cos\theta$ 是一时变环节，这将给电压环设计带来困难，为此可考虑以该环节的最大比例增益取值代之。显然 $0.75m\cos\theta \leqslant 0.75$，即以比例增益 0.75 取代该时变环节。由于最大增益 0.75 对整个电压环稳定性影响最大，因此这种近似处理是合理的。为

简化控制结构，将电压采样小惯性时间常数 τ_v 与电流内环等效小时间常数 $3T_s$ 合并，即 $T_{cv}=\tau_v+3T_s$，且不考虑负载电流 i_L 扰动，经简化的电压环控制结构图如图 3-33 所示。

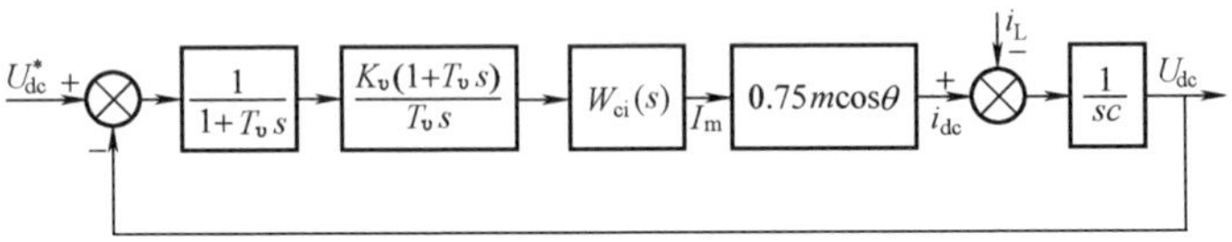

图 3-32　三相 VSR 电压外环控制结构图

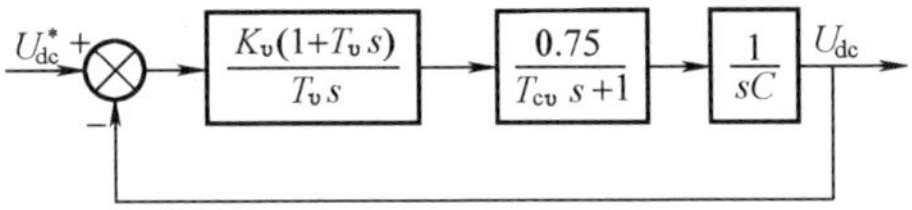

图 3-33　三相 VSR 电压环简化结构图

3.3.3　逆变器原理和控制方法

一、逆变器原理

逆变器由主电路和控制电路两部分组成。根据直流电源的类型，逆变器可分为电压型逆变器和电流型逆变器；依据输出交流电压的性质，可分为恒频恒压正弦波逆变器和方波逆变器，变频变压逆变器，高频脉冲电压（电流）逆变器；依据逆变电路结构的不同，可分为单相半桥、单相全桥、推挽式、三相桥式逆变器；依据开关器件及其关断（换流）方式的不同，可分为采用全控型开关的自关断换流逆变器和采用晶闸管半控型开关的强迫关断晶闸管逆变器两类。逆变器原理图如图 3-34 所示。

并网用逆变器主电路拓扑和普通逆变器拓扑并无差别，三相桥式 PWM 逆变器拓扑结构如图 3-35 所示，采用 SPWM 调制方法，Z_L为模拟负载，L、C 为输出滤波器参数。

u_{1a}、u_{1b}、u_{1c}表示逆变桥输出的三相相电压；u_{0a}、u_{0b}、u_{0c}表示三个滤波电容上的电压，也就是逆变器输出的三相相电压；

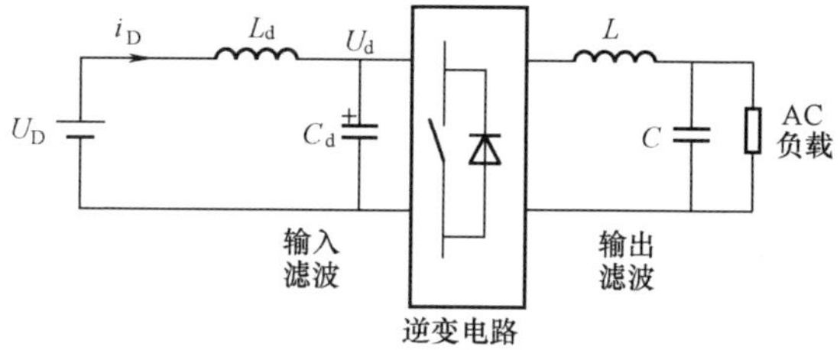

图 3－34　逆变器原理图

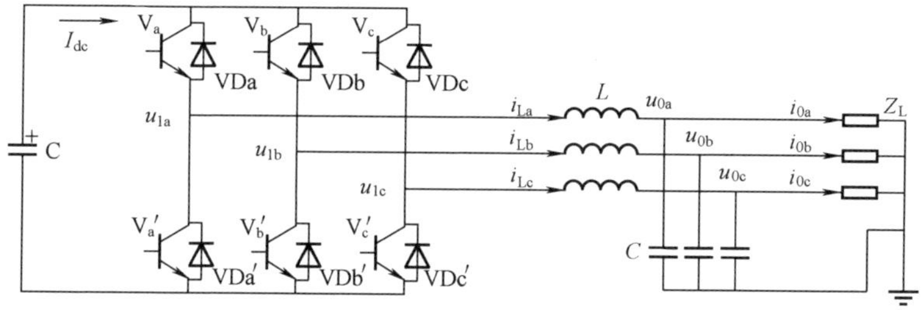

图 3－35　三相 PWM 逆变器的主电路

i_{La}、i_{Lb}、i_{Lc}为三个滤波电感中的电流；i_{0a}、i_{0b}、i_{0c}为流过负载的三相电流。根据基尔霍夫电流定律和电压定律，可以得到三相 PWM 逆变器的数学模型，下面通过分析该电路拓扑结构的数学模型进行控制器的设计。

利用基尔霍夫电压和电流定律，可以对三相六开关桥式电路进行数学模型建模。对于逆变器系统中的电力电子开关器件控制中采用 SPWM 方法产生脉冲控制信号，由于开关频率一般要远高于逆变系统输出的交流电频率，可以将 SPWM 逆变器等效为一比例环节，或者有时也可以等效为一延迟环节和比例环节。如图 3－36 所示的等效的数学模型框图，将逆变桥等效为一个比例环节，其系数为 K_{PWM}。由图 3－36 可以得到在静止坐标系下的两组微分方程式

$$L\begin{bmatrix}\frac{\mathrm{d}i_{La}}{\mathrm{d}t}\\ \frac{\mathrm{d}i_{Lb}}{\mathrm{d}t}\\ \frac{\mathrm{d}i_{Lc}}{dt}\end{bmatrix}=\begin{bmatrix}u_{1a}\\ u_{1b}\\ u_{1c}\end{bmatrix}-\begin{bmatrix}u_{0a}\\ u_{0b}\\ u_{0c}\end{bmatrix} \tag{3-67}$$

$$C\begin{bmatrix}\frac{\mathrm{d}u_{Ca}}{\mathrm{d}t}\\ \frac{\mathrm{d}u_{Cb}}{\mathrm{d}t}\\ \frac{\mathrm{d}u_{Cc}}{\mathrm{d}t}\end{bmatrix}=\begin{bmatrix}i_{1a}\\ i_{1b}\\ i_{1c}\end{bmatrix}-\begin{bmatrix}i_{0a}\\ i_{0b}\\ i_{0c}\end{bmatrix} \tag{3-68}$$

进行 Park 变换可得

$$\begin{bmatrix}\dot{U}_{0d}\\ \dot{U}_{0q}\\ \vdots\\ i_{1d}\\ \vdots\\ i_{1q}\end{bmatrix}=\begin{bmatrix}0 & w & 1/C & 0\\ -w & 0 & 0 & 1/C\\ -1/L & 0 & 0 & w\\ 0 & -1/L & -w & 0\end{bmatrix}\begin{bmatrix}U_{0d}\\ U_{0q}\\ i_{1d}\\ i_{1q}\end{bmatrix}$$

$$+\begin{bmatrix}0 & 0 & -1/C & 0\\ 0 & 0 & 0 & -1/C\\ 1/L & 0 & 0 & 0\\ 0 & 1/L & 0 & 0\end{bmatrix}\begin{bmatrix}U_{1d}\\ U_{1q}\\ i_{0d}\\ i_{0q}\end{bmatrix} \tag{3-69}$$

其中

$$\begin{bmatrix}U_{0d}\\ U_{0q}\end{bmatrix}=T\begin{bmatrix}U_{0a}\\ U_{0b}\\ U_{0c}\end{bmatrix};\begin{bmatrix}U_{1d}\\ U_{1q}\end{bmatrix}=T\begin{bmatrix}U_{1a}\\ U_{1b}\\ U_{1c}\end{bmatrix};$$

$$\begin{bmatrix}i_{0d}\\ i_{0q}\end{bmatrix}=T\begin{bmatrix}i_{0a}\\ i_{0b}\\ i_{0c}\end{bmatrix};\begin{bmatrix}i_{1d}\\ i_{1q}\end{bmatrix}=T\begin{bmatrix}i_{1a}\\ i_{1b}\\ i_{1c}\end{bmatrix}$$

Park 变换阵为

$$T=\sqrt{\frac{2}{3}}\begin{bmatrix}\cos\varphi & \cos(\varphi-120°) & \cos(\varphi+120°)\\ -\sin\varphi & -\sin(\varphi-120°) & -\sin(\varphi+120°)\\ \frac{1}{\sqrt{2}} & \frac{1}{\sqrt{2}} & \frac{1}{\sqrt{2}}\end{bmatrix} \tag{3-70}$$

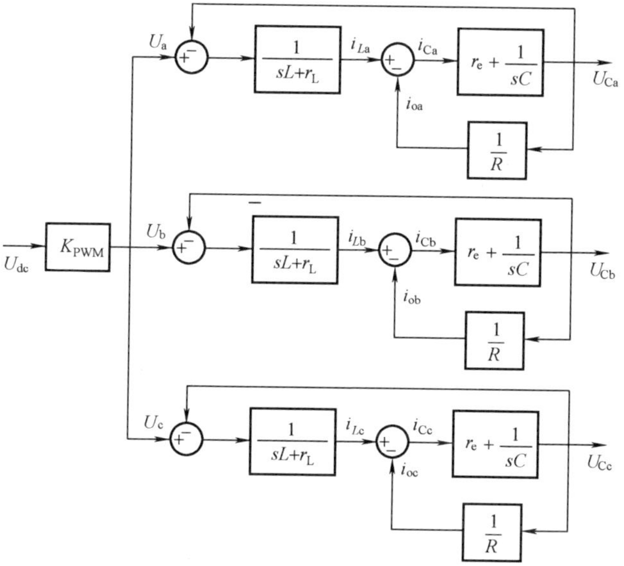

图 3-36　三相逆变器等效模型

式（3-67）和式（3-68）直观、清楚地反映了逆变器的电压电流特性，但由于输出侧均为时变的交流量，不便于控制系统的设计。通过 Park 变换得到式（3-69）在 DQ 坐标系下的电压电流表达式，将静止坐标系中的基波正弦变量转化成同步旋转坐标系下的直流变量，从而简化了控制系统的设计。

通常在同步旋转坐标系下，功率的计算采用以下方法

$$\begin{cases}P_{dg}=u_d^* i_d+u_q^* i_q\\ Q_{dg}=u_d^* i_q-u_q^* i_d\end{cases} \tag{3-71}$$

由于 Park 变换后 $Uq=0$，则功率计算式可简化为

$$\begin{cases} P_{dg}=u_d^* i_d \\ Q_{dg}=u_d^* i_q \end{cases} \tag{3-72}$$

由此可知，在三相电路中，同步旋转坐标系下 Q 轴电流与无功功率相关，D 轴电流与有功分量相关。

二、控制方法

并网逆变器的控制方法一般在 dq 坐标系下实现，并采用双闭环控制，即功率外环控制和电流内环控制。根据微型电源外特性设定的有功无功参考量，可以分别得到 dq 轴电流分量，其中无功功率给定是由有功和功率因数共同决定的，逆复器功率外环控制结构如图 3-37 所示。

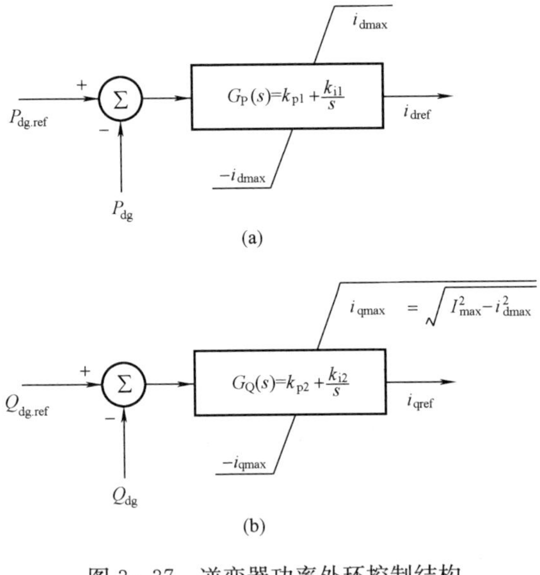

图 3-37 逆变器功率外环控制结构

(a) 有功；(b) 无功

$P_{dg.ref}$，$Q_{dg.ref}$—有功、无功参考值；P_{dg}，Q_{dg}—实际注入 PCC 的有功、无功；i_{qref}，i_{dref}—d 轴、q 轴电流参考值

依据 PCC 点的电压、电流计算出对应的功率，视应用不同

可以选用瞬时功率或平均功率参与调节。采用瞬时功率可以提高整个系统的实时性，但调节过于频繁，容易受到外界负荷波动的影响而产生轻度电压波动，甚至引发稳态电压闪变。另一方面，因为 PCC 处电压畸变会导致逆变器输出电流相应畸变，故从电能质量角度考虑，选取瞬时功率也不十分理想。相反，选取平均功率则会使分布式电源响应有所滞后，但调节过程则较为平稳。

电流内环控制，即把由功率外环得到的 dq 轴电流给定信号与实际电流信号比较，根据差量迅速作出调整。一般仍用 PI 调节器，并在电流内环中增加前馈控制，以减少电网电压对控制系统的影响。

电流环的 PI 调节过程中，若电流控制误差为零，逆变器的输出电流根据功率环给出的参考值保持恒流电流调节，从而保证了输出电压及时跟踪导通参考波，使输出电流更接近正弦波，无直流或零序分量；也使得对三相负荷不平衡以及谐波不敏感，便于有功、无功控制，使分布式电源具有灵活运行的能力。逆变器电流内环控制结构如图 3－38 所示。

3.3.4　斩波器原理和控制方法

一、斩波器的原理[27]

斩波器是指具有实现快速、高频率控制接通或切断动作功能的装置。

（一）功率控制的原理

用图 3－39（a）所示斩波回路，对开关 S 用非常快的速度反复地进行接通、断开，就能够控制加于负载 R_L 上的电压或者功率的平均值。实现这个动作的开关，就是斩波器。

图 3－39（a）中，在开关 S 接通（T_{on}）时，加于负载 R_L 上的电压 e_R 达到 E，开关断开（T_{off}），R_L 上的电压为零，e_R 的平均值为 E_R，如图 3－39（b）所示，E_R 随着开关的接通—断开周期和开关的接通—断开的时间按比例发生变化，即

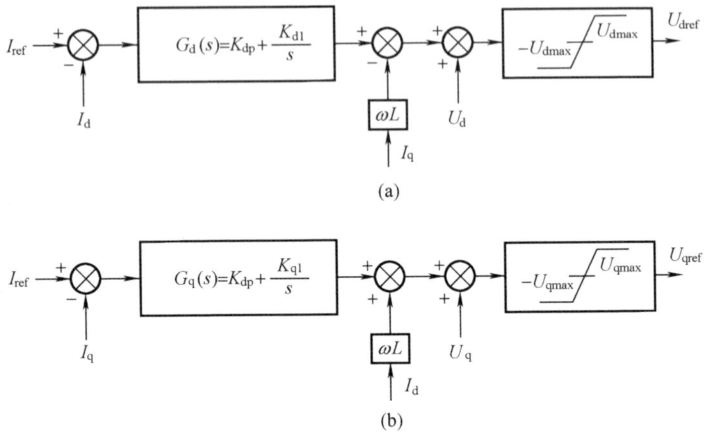

图 3-38 逆变器电流内环控制结构

（a）d 轴电流控制；（b）q 轴电流控制

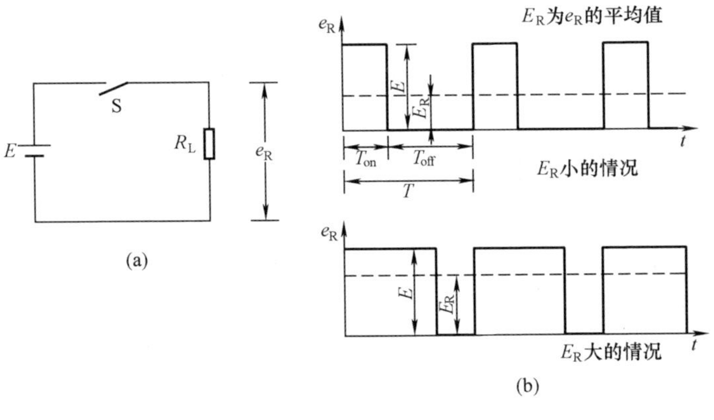

图 3-39 直流斩波器回路

（a）原理图；（b）电压控制

$$E_R = ET_{on}/(T_{on}+T_{off}) = ET_{on}/T$$

式中：T 为切换的周期。

由此可见，通过改变 T_{on}/T 的比值，可使负载两端电压的平均值从零变化到电源电压值（E）。

开关周期 T 与开关 S 的接通时间 T_{on} 之比，即 T_{on}/T 称为“导通比”，并以“α”表示。

（二）输出电流的平滑化

仍以图 3－39 为例来说明，因其负载是纯电阻，所以负载电流也和电压波形相似，是以脉动形式流通的。要使断续流动的电流平滑化，如图 3－40 所示，只要在回路中接入电感 L 和续流二极管 VD 就可以了。

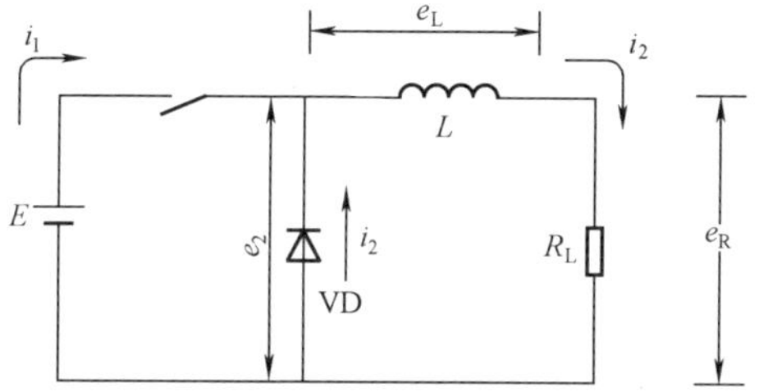

图 3－40　接入 L 和 VD 的回路

如果负载 R_L 中包含足够的电感，这时，只要接入 VD 就行了。这样，负载电流 i_L 就变成如图 3－41（a）所示的连续的脉动电流。

也就是说，把图 3－40 中的开关 S 在 $t=0$ 时刻接通，负载电流 i_L 按指数曲线上升，如图 3－41（a）所示。这时，R_L 和 L 上分别加上电压 e_R 和 e_L，如图 3－41（b）所示。L 的磁通升高相当于图 3－41（b）中 A_1 面积所示的能量，即在 T_{on} 期间，从电源供给的能量有一部分蓄积在 L 中。

在 t_1 时刻 S 断开时，在 L 上蓄积的能量由 $L \to R_L \to VD \to L$ 组成的闭合回路释放，其面积 A_2 达到 A_1 的程度，负载电流继续流通。

如果按 L（H）/R_L（Ω）的时间常数比开关周期大得多的条件选取电抗器的电感值，则负载电流便能维持连续流通，在稳

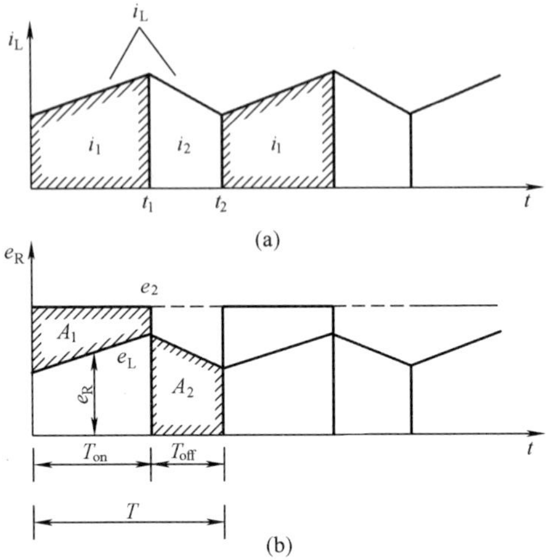

图 3-41　负载电流的平滑化

(a) 开关 $t=0$ 时刻接通后的负载电流；(b) R_L 和 L 上分别加电压

态下，面积 $A_1=A_2$ 。这样能使流过负载的电流平滑化。

（三）调压方式

按照变化电压功能分类，斩波器可分为降压、升压两种形态。

在图 3-40 中，电抗器 L 的电感很大，当负载电流的脉动可以忽略时，可得出电源电流 i_1 的平均值 I_1 与负载电流 i_L 的平均值 I_L 之间以及电源电压 E 与负载电压的平均值 E_L 之间的关系为

$$I_1=I_L T_{on}/T \tag{3-73}$$

$$E_L=ET_{on}/T \tag{3-74}$$

可以理解为把图 3-40 中的开关用斩波器来代替，使回路工作时随着 T_{on}/T 构成的导通比从 0～1 之间连续变化，负载电压也将从 0 连续地变化到电源电压值 E。

像这样使用时称为“降压斩波器”（也叫降压斩波）。

如图 3-42 所示回路，图中开关 S 是以非常迅速的重复动作进行接通—断开的开关。另外，与负载 R_L 并联着的电容器 C 是为了使加于负载上的电压平滑化的滤波电容器。

当开关 S 闭合时，电抗器 L 上蓄积能量，之后 S 断开时，能量就从电抗 L 移向电容 C 和负载，当迅速而周期地接通—断开开关 S 时，就可得到比电源电压高的负载电压。

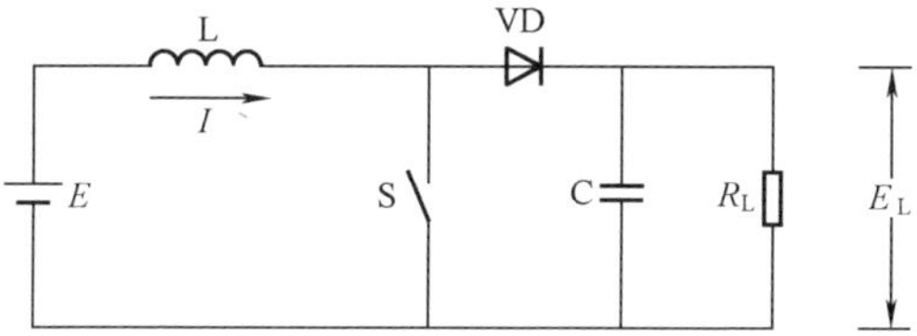

图 3-42 升压法

对图 3-42 所示电路原理说明如下：设 S 闭合的时间为 T_{on}，断开的时间为 T_{off}。为明确回路的动作，设 L 和 C 足够大，从而可以忽略电源电压 E 和负载电压 E_L 的脉动。

开关 S 闭合期间，L 上蓄积的能量为 EIT_{on}；开关 S 断开后，从 L 移向 C 和负载的能量为 $(E_L-E)IT_{off}$。

此过程中，从电源 e 同时对负载和 C 供给的能量为 EIT_{off}。

于是，根据能量守恒定律可得

$$EIT_{on}=(E_L-E)IT_{off} \tag{3-75}$$

$$E_L=E(T_{on}+T_{off})/T_{off}=ET/T_{off} \tag{3-76}$$

从式（3-76）可以看出，负载电压 E_L 比电源电压 E 高，而且通过改变 T_{off} 或开关周期 T，可以调节负载电压的大小。例如，当 S 的闭合时间等于断开时间，即 $T/T_{off}=2$ 时，负载电压能够上升到电源电压的 2 倍。

像这样使用时，称为“升压斩波器”，也叫升压斩波。

二、斩波器的控制方法

两个独立的 buck-boost 直流斩波器输入侧并联，输出侧串联，并以差动电路形式输出，就构成了 buck - boost 逆变器的基本拓扑。通过改变一个周期内的占空比使两个直流斩波器输出相位相差 180°的正弦波形直流电压，从而使差动输出的逆变器输出频率和幅值可调的交流正弦电压。电路图如图 3 - 43 所示，该电路最大的优点是实现了功率的单级变换。单级式逆变器较传统的两级式逆变器，拓扑结构简单，同时工作的开关数目少，降低了开关损耗，有优良的动态和静态特性，而且实现了能量的双向流动，提高了功率密度和变换效率，其输出的交流电压不仅能高于也能低于或等于输入侧直流电压值。在以蓄电池、太阳能电池和燃料电池为主要直流电源的场合有着广泛的应用前景。

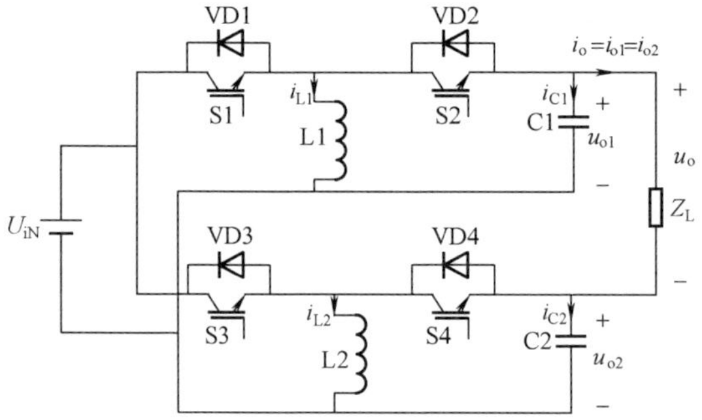

图 3 - 43　buck - boost 逆变器拓扑结构图

由于两个 buck - boost 斩波器要工作在输出电压连续变化的状态下，所以逆变器的控制方法和 DC - DC 斩波器的控制方法有区别。开关电源常用的控制方法有电压型控制、电流型控制、滞环控制、模糊控制等，它们是以小信号模型为基础，然而小信号模型是针对电路工作在某一点进行计算，它仅适用于对 DC - DC 斩波器在某一点小范围波动的控制。在 buck - boost 逆变器中，两个 DC - DC 斩波器的输出电压都在大范围内变化，所以这些控制方法并不能直接适用于这种电路。

文献［28］采用不同于传统的电流型控制方法，在两个斩波器工作在电感电流连续模式（CCM）下，内环参考电流的产生不是由电压调节器的输出直接作为内环电感电流的参考值，而是考虑到斩波器工作在变化的工作点上的特点，让电压调节器的输出作为电容电流参考值，再根据 buck - boost 斩波器的大信号模型，得出电感电流参考值作为内环给定。其中引入扰动补偿前馈环，这样实现了系统解耦，两个直流斩波器就能工作在变化的工作点上，从而满足逆变器的要求，同时也提高了系统抗输入电压和负载变化的能力，另外对电感电流的直接控制，提高了在负载变动及非线性负载情况下系统工作的可靠性。

三、buck - boost 逆变器原理和 buck - boost 直流斩波器工作原理介绍

由图 3 - 43 所示电路可以看出 buck - boost 逆变器由两个双向 buck - boost 斩波器输入并联、输出串联组合而成。其中 U_{iN}、S1、S2、L1，C1、Z_L 构成双向 buck - boost 斩波器 1，U_{iN}、S3、S4、L2、C2、Z_L 构成双向 buck - boost 斩波器 2。输出电压 $u_o=u_{o1}-u_{o2}$，当 $u_{o1}>u_{o2}$ 时，$u_o>0$；当 $u_{o1}=u_{o2}$ 时，$u_o=0$；当 $u_{o1}<u_{o2}$ 时，$u_o<0$。因此通过合理的控制，电路可以实现 DC/AC 变换。可以对两个 buck - boost 直流斩波器进行单独控制，两直流斩波器的控制方法是相同的，即通过改变一个周期内的占空比，在直流斩波器的输出端得到频率和幅值可调的正弦交流电压。同时使两个直流斩波器输出电压相位相差，从而使逆变器输出电压的范围是单个直流斩波器的 2 倍，达到充分利用器件的目的。

下面以单个 buck - boost 直流斩波器为例介绍其工作原理。根据 buck - boost 斩波器在电感电流连续模式下的大信号模型有电感电压开关周期平均值和电容电流开关周期平均值表达式

$$u_{L1}=d_1U_{iN}+d'_1u_o \tag{3-77}$$

$$i_{C1}=-d'_1i_{L1}-i_{o1} \tag{3-78}$$

式中：d_1 为占空比，$d'_1=1-d_1$；u_{L1}、U_{iN}、u_{o1} 分别为电感电压、输入电压、输出电压；i_{C1}、i_{L1}、i_{o1} 分别为电容电流、电感电流、输出电流。

式（3－78）表明，通过调节占空比 d_1 可以达到对电感电流开关周期平均值的控制。另外输入电压和输出电压也会对电感电流产生影响，在稳态时，电感电压的开关周期平均值为零，但电感电流瞬时值并不保持恒定，而是一个近似为三角波的周期函数，在一个开关周期中电感电流没有净变化，然而，在动态过程中，由于电感电压的开关周期平均值非零，因此电感电流存在净变化。在动态过程中，电感电流的瞬时值不再是周期函数。它的非线性动态特性，使控制变得困难。

四、控制方案的设计

为了使 buck－boost 斩波器能工作在变化的工作点上，可以外环控制输出电压，内环控制电感电流，在控制环中引入前馈控制。以 buck－boost 斩波器 1 为例，控制框图如图 3－44 所示，外环电压基准和输出电压的差值经 PI 调节器，其输出作为电容电流参考值，再根据 buck－boost 斩波器在电感电流连续模式下的式（3－78）得到电感电流参考值为

$$i_{L1ref}=(-i_{o1}-i_{C1})/d'_1 \qquad (3-79)$$

因为 d'_1 是随工作点的不同而变化的，为了解决这一问题这里用 $U_{iN}/(U_{iN}-u_{o1})$ 代替 d'_1，其依据是理想条件下 buck－boost 斩波器在 CCM 模式下的电感平衡方程为

$$U_{iN}d_1T+u_{o1}d'_1T=0 \qquad (3-80)$$

这样，占空比变化引起的系统不稳定被消除了，另外，电流 i_{O1} 作为一个外部扰动作用在控制环上，其实质是一个前馈控制，使系统能够预测输出随外部作用的变化规律，在偏差产生之前作出相应的控制，在负载变化的情况下准确跟踪电压参考值。这样电感电流参考值可表示为

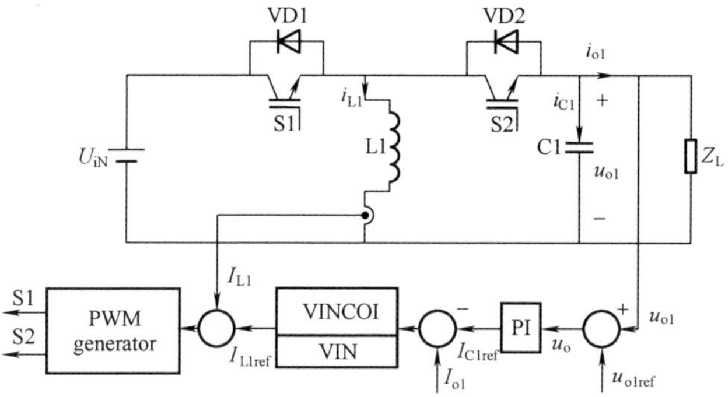

图 3-44　buck-boost 斩波器控制框图

$$i_{L1ref} = \frac{U_{iN} - u_{o1}}{U_{iN}}(-i_{o1} - i_{C1}) \tag{3-81}$$

这样从电压环来看电感电流可以看成是瞬时控制的，只需以电容的转移特性（这里输出电压与电容电压相等，即 $u_{o1} = u_{C1}$ ）来处理，因此可以用一个 PI 调节器来实现。内环电感电流检测值与参考值的误差经比例放大后作为调制波与三角载波进行比较，得到正弦脉宽调制信号，用来控制 buck-boost 斩波器的占空比，达到调节输出电压的目的，则有

$$u_{C1} = C\frac{du_{o1}}{dt} \tag{3-82}$$

该控制方法是对两个 buck-boost 斩波器分别进行控制，其关联部分就是外环参考电压的设定，为了得到一个交流输出 $u_o = c_{o1} - u_{o2}$ ，控制两个斩波器的输出相位相差 180°的直流正弦电压，故两斩波器的参考电压可以设定输出电压有效值为 U_{rms}，频率为 f，则参考电压 U_{oref} 为

$$u_{oref} = \sqrt{2}U_{rms}\sin(2\pi ft) \tag{3-83}$$

$$u_{o1ref} = u_{DC} + \frac{1}{2}u_{Oref} = u_{DC} + \frac{1}{\sqrt{2}}u_{rms}\sin(2\pi ft) \tag{3-84}$$

$$u_{o2ref} = u_{DC} - \frac{1}{2}u_{oref} = u_{DC} - \frac{1}{\sqrt{2}}u_{rms}\sin(2\pi ft) \quad (3-85)$$

式中：u_{o1ref}，u_{o2ref}分别为两个斩波器的输出电压参考值，直流偏移量 u_{DC}的选取要依据两斩波器的占空比允许值决定的输出电压范围来确定，即

$$U_{DC} + \frac{1}{\sqrt{2}}U_{rms} = U_{omax} \leqslant U_{iN}\frac{d_{max}}{1-d_{max}} \quad (3-86)$$

$$U_{DC} - \frac{1}{\sqrt{2}}U_{rms} = U_{omin} \leqslant U_{iN}\frac{d_{min}}{1-d_{min}} \quad (3-87)$$

式中：d_{max}、d_{min} 分别为占空比的允许最大值和最小值。

3.4 微电网负荷模型和特性

微电网负荷分为电力负荷和热（冷）负荷。电力负荷指耗用电能的用电设备或用户。热（冷）负荷包括空调、供暖、供热水，以及游泳馆、冷库、冰场等负荷。按负载特性，电力负载可分为线性负载（R、L、C 负载，电热）、非线性负载（整流器类负载）；静态负载（电热、照明、IT 设备）、动态负载（电动机类负载）；一般负载和敏感负载（变频调速、节能灯、IT 设备）。

电力系统综合负荷模型是反映实际电力系统负荷的频率、电压、时间特性的负荷模型，分为动态负荷模型（主要有感应电动机模型和差分方程模型两种）和静态负荷模型[主要有多项式模型和幕函数模型两种，其中多项式模型可以看成是恒功率（电压平方项）、恒电流（电压一次方项）、恒阻抗（常数项）三者的线性组合]。在稳定计算中综合负荷模型的选择原则是：在没有精确综合负荷模型的情况下，一般按 40%恒功率，60%恒阻抗计算。

微电网的负荷，通常按负荷曲线来描述，即热（冷）负荷曲

线、供电负荷曲线，如图 3－45 所示。

微电网运行是按照经济性来满足负荷要求的。

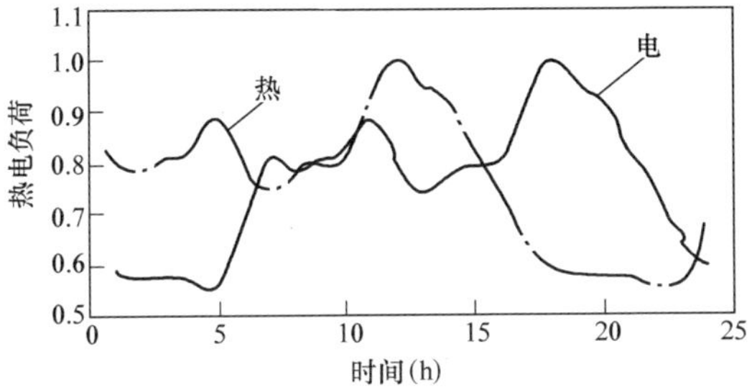

图 3－45　一天内的热电负荷曲线（相对值）

参　考　文　献

［1］张艳．双馈风力发电机组的并网特性研究［硕士学位论文］．北京：华北电力大学，2008.

［2］邵彭涛．基于微型燃气轮机电力输出双 PWM 变流器研究［硕士学位论文］．哈尔滨：哈尔滨工程大学自动化学院，2007.

［3］翁一武，翁史烈，苏明．以微型燃气轮机为核心的分布式供能系统．中国电力［J］，2003，3，36（3）：1～4.

［4］赵豫，于尔铿．新型微型燃气轮机的特点与应用前景［J］．热能与动力工程，2003，3，18（104）：111～116.

［5］Huang Wei，Zhang Jianhua，Wu Ziping，Niu Ming. Dynamic Modelling and Simulation of a Micro－turbine Generation System in the Microgrid［C］. 2008 IEEE International Conference on Sustainable Energy Techonologies.

［6］上海理工大学研制成功“能源岛”关键技术示范及研究基地［J］．能源研究与信息，2005，21：62.

［7］Robert H. Lasseter. Microgrids and Distributed Generation［J］. American Society of Civil Engineers，2007.

[8] Katiraei. F, Iravani. M. R . Power management strategies for a microgrid with multiple distributed generation units. IEEE Trans on Power Systems, 2006, 21 (4): 1821～1831.

[9] Dimeas. A. L, Hatziargyriou. N. D. A MAS architecture for microgrids control, Proceedings of the 13th International Conference on Intelligent Systems Appliacation to Power System, IEEE, 2005: 402～406.

[10] De Brabandere, K, Vanthournout, K. Control of Microgrids. Power Engineering Society General Meeting, IEEE, 2007: 1～7.

[11] 沈海权，李庚银，周明. 燃料电池和微型燃气轮机的动态模型综述[J]. 电网技术，2000，28 (14): 79～83.

[12] 叶昌林 . 燃料电池发电技术综述 [J]. 东方电气评论，2000，14 (2): 98～100.

[13] 肖鑫鑫，刘东 . 分布式供能系统接入电网模型研究综述 [J]. 华东电力，2000，36 (2): 76～81.

[14] 黄锡坚 . 硅太阳电池及其应用 . 北京：中国铁路出版社，1985.

[15] 施玉川 . 太阳能基础与技术 . 西安：西安交通大学，2003.

[16] Mehmet A, Mohammed AAA. A new model for I - V characteristic of solar cell generators and its applications. Solar Energy Materials &Solar Cells. 1995, 37: 123～132.

[17] 张熙贵，王涛，夏保桂 . 一种优秀的储能元件——超级电容器 [J]. ECN，2003 (8): 40～42.

[18] 胡毅，陈轩恕，杜砚，尹婷 . 超级电容器的应用与发展 [J]. 电力设备，2008，9 (1): 19～22.

[19] 张步涵，王云玲，曾杰 . 超级电容器储能技术及其应用 [J]. 水电能源科学，2006，24 (5): 50～52.

[20] P. J. Binduhewa, A. C. Renfrew, M. Barnes. Ultracapacitor Energy Storage for MicroGrid Micro - generation.

[21] 尹忠东，彭军 . 超级电容储能的并联电能质量调节器 [J]. 四川电力技术，2005 (1): 12～15.

[22] 陈谦，唐国庆，胡铭．采用 dq0 坐标的 VSC－HVDC 稳态模型与控制器设计 [J]. 电力系统自动化，2004，28 (16)：61～66.

[23] 祝文彪，张步涵，庞璐．超级电容器储能动态电压恢复器的仿真研究 [J]. 武汉理工大学学报，2008，30 (8)：97～100.

[24] 邓隐北．风力发电中的储能与超级电容器 [J]. 上海电力，2007 (6)：609～612.

[25] 彭方正．变流技术在分布式发电和微电网上的应用. 变流技术与电力牵引．[J]，2006，2.

[26] 莫颖涛，吴为麟．电力电子技术在分布式发电中的应用. 华北电力技术，2004，9.

[27] [日] 斩波器控制方式专门委员会编．晶闸管斩波器应用技术. 王巨铮译，北京：中国建筑工业出版社，1982.

[28] 陶良慧，关振宏，陈郭霞，蒋启伟．单极双向 buck－boost 逆变器改进的电流控制法设计 [J]. 电气开关，2009，1：33～39.

微电网运行方式和控制方法

微电网需要的运行和控制策略，与传统电力系统有显著的不同，与微型电源的类型及其渗透深度、负荷特性以及电能质量约束条件有关。微电网的环境效益和经济效益，以及微电网在电力系统中的可接受度和可扩展度，主要取决于所采取的控制器的能力和运行特点。主要原因如下：

（1）微型电源稳态和动态特性，尤其是电力电子耦合单元，与传统的大的汽轮发电机单元有所不同；

（2）由于单相负荷和单相微型电源的出现，微电网自身受到单相不平衡程度的影响比较严重；

（3）微电网供电的一个显著特点是：可能形成“不可控”电源，如风电发电单元；

（4）短期和长期的储能单元在微电网控制中起到非常重要的作用；

（5）经济性往往对微电网有一定的限定：必须随时容纳微型电源和负荷的接入和断开，并同时保证微电网稳定运行；

（6）微电网为一些负荷提供高电能质量或者优质服务；

（7）除了电能，微电网往往负责所有或者部分负荷的热供应。

微电网控制系统必须保证，在并网和孤网运行方式下，系统都能安全稳定运行。当与电网隔离时，控制系统必须有能力控制局部电压和频率，提供或者吸收电源和负荷之间的暂时功率差额，保护微电网。

本章首先阐述了微电网的运行方式、控制方法，接着介绍了微型电源及储能的控制方法，并对微电网的稳定性控制、电能质量优化控制、经济运行优化控制分别进行了阐述。

4.1 微电网的运行方式

微电网系统有与外部电网并网运行和孤网运行两种运行模式。并网模式是指在正常情况下，微电网与常规电网并网运行时向电网提供多余的电能或由电网补充自身发电量的不足。孤网运行方式是指当检测到电网故障或电能质量不满足要求时，微电网可以与主网断开形成孤岛模式，由 DG 向微电网内的负荷供电。微电网的孤网运行为系统提供了更高的供电可靠性和供电不间断性。在微电网实验平台得到的结果表明：采用合理的控制策略，微电网可以并网或孤网运行，并可实现两种运行状态的平滑过渡和转换。

4.1.1 并网运行方式下微电网的运行特性

并网运行方式指微电网通过 PCC 点与大电网相连，与大电网有功率交换。当负荷大于分布式电源发电时，微电网从大电网吸收部分电能；反之，当负荷小于分布式电源发电时，微电网从大电网输送多余的电能。并网运行方式下，微电网可以利用电力市场的规律灵活控制分布式电源的运行，获得更多的经济效益。

在并网运行方式下，微电网内的功率缺额由大电网进行平衡，因此频率的调整由大电网完成。对局部可靠性和稳定性，恰当的电压调节是必要的。没有有效的局部电压控制，分布式电源高渗透率的系统可能会产生电压和无功偏移或振荡。电压控制要求电源之间没有大的无功电流流动。在并网运行方式下，DG单元以局部电压支撑的形式提供辅助服务。对于现代电力电子接口，与有功频率下垂控制器相类似，其采用电压无功下垂控制器，为局部无功需求提供了一种解决方案。

4.1.2 孤网运行方式下微电网的运行特性

孤网运行方式是指微电网与大电网隔离独立运行。孤网运行时微电网的重要特征，是提高微电网内重要负荷供电可靠性的强有力保证。

孤网运行可分为计划内的孤网运行和计划外的孤网运行。在大电网发生故障或其电能质量不符合系统标准的情况下，微电网可以以孤网模式独立运行，称为计划外的孤网运行。这种运行方式可以保证微电网自身和大电网的正常运行，从而提高供电可靠性和安全性。此时，微电网的负荷全部由DG承担。基于经济性或其他方面的考虑，微电网可以主动与大电网隔离，独立运行，称为计划内的孤网运行。

孤网运行方式下，微电网频率控制具有一定的挑战性。大系统的频率响应基于旋转体，其被认为是系统固有稳定性的要素。相反，微电网本质上是以转换器为主的网络，具有很小或者根本没有直接相连的旋转体。由于微型燃气轮机和燃料电池对控制信号有较缓慢的响应特性，并且几乎是没有惯性的，因此，孤网运行需要技术支持并且提出了负荷跟踪问题。转换器控制系统必须相对应地提供原先与旋转体直接相连时所能得到的响应特性。而频率控制策略应该以一种合作的方式，通过频率下垂控制、储能设备响应、切负荷方案等，根据微型电源的容量改变它们的输出有功。

由于电压控制本质上是一个局部问题，所以并网和孤网两种运行方式下，电压调节问题没有本质上的区别。

4.2 微电网控制方法

微电网相对主网可作为一个模块化的可控单元，对内部可以提供满足负荷用户需求的电能，实现这些功能必须具有良好的微电网控制和管理，主要控制设备有分布式发电系统控制器、可控负荷管理器、中央能量管理系统、继电保护装置。微电网在运行控制方面应该能够基于本地信息对电网中的事件作出快速独立响应，当微电网内发生电压跌落、故障、停电等时，微型分布式发电系统应该利用本地信息自动有效地转换到独立运行方式，不再接受传统方式的统一调度。

一般来说，微电网综合控制的主要目标是：首先，根据故障情况或是微电网自身的需要，平滑自主地实现与主网分离、并列或是两者的过渡转化运行，保证微电网在并网和孤岛运行方式之间实现平滑、可控的切换，同时能灵活调节微电网内的馈线潮流，对无功和有功进行独立解耦控制，实现不同模式下微电网内负荷和微型电源间的供需平衡；其次，调节每个微型电源接口处的电压，保证电压的稳定性，确保没有较大的感性电流环流出现在电源之间；孤网运行时，确保 U/f 或 Droop 控制的微型电源能快速响应并分担由主网提供的负荷。

目前，根据微型分布式电源的主要控制方式：并网 PQ 控制和孤网 U/f，Droop 控制策略和可控负荷控制策略，等效电网综合控制方法主要可以分为四类：基于 U/f 的多主微电网系统控制方法，U/f 的主从微电网系统控制，VPD（Voltage - Power Droop）/FRB（Frequency - Reactive Boost）协调控制策略，基于功率管理系统的控制方法。对于多微电网之间的控制和综合控制一般采用基于多代理技术的控制方法。

4.2.1 基于 U/f 的多主微电网系统控制方法

该微电网系统控制是基于电力电子技术的即插即用（Plug and Play）和对等（Point to Point）的控制。根据微电网控制目标，灵活选择与传统发电机相似的频率一次调整特性曲线（Droop Character）作为微型电源的控制方式，利用频率有功下垂曲线将微电网系统不平衡的功率动态分配给各机组来承担，无需机组间的通信协调，保证孤网下微电网内电力供需平衡和频率的统一，具有简单可靠的特点。但是目前，该方法还没有考虑到系统电压与频率的恢复问题，即传统发电机的二次调频问题。因此，当微电网遭受到严重的破坏或是干扰时，系统很难保证频率质量，再并网时由于微电网没有与主网进行同步运行，并联时会对主网的电压和频率产生一定的冲击。另外，该方法是针对电力电子技术的微型分布式发电系统控制，没有考虑传统发电机如小型燃气轮机或柴油机与微电网之间的协调控制。

4.2.2 U/f 的主从微电网系统控制

该方法是基于单个 U/f 控制策略的微电网孤网运行而提出的。微电网并网时，所有微型电源采用恒 P/Q 控制策略，一旦主网故障微电网进行孤网运行时，其中一个微型电源将切换为 U/f 控制策略，向微电网系统提供参考电压和频率，而其他微型电源保持恒 P/Q 控制运行不参与电压和频率的调整。在孤网运行模式下，微电网内可以通过 U/f 控制单元的功率跟随特性来实现电力供需平衡，同时保证较高的电压和频率质量，另外，微电网再次并网时，微电网系统的频率和电压可保持在孤网前的标准，通过锁相环节的控制，确保微电网和主网间的频率和电压相位相角的一致，基本实现平滑、柔性地并网，减少对主网电压和频率的影响。不过，孤网运行时微电网的稳定性完全取决于 U/f 控制的微型电源能否正常运行，对其依赖度较高，如果该微型电源出现问题而停机，那么微电网将不能进行正常的孤网运行。

此外，此控制方法对 U/f 控制的微型电源的旋转备用容量要求较高，孤网情况下可以承担并网运行时由主网提供的全部功率。

4.2.3　VPD/FQB 协调控制策略

参考文献［1］在基于电压源逆变器微型电源形成孤岛微电网运行时的动态模型——微电网的电压依赖于逆变器型分布式电源与负荷间的有功平衡，无功平衡决定了微电网的频率，提出了应用 dq 坐标系下的电流控制来实现联网与孤网运行情况下的功率控制，设置逆变器型分布式电源的有功和无功参考值来分别调节微电网的电压和频率，实现并联运行的逆变器联合调整微电网的电压和频率。

VPD/FQB 控制器根据输出的有功使电压参考值下垂来联合调节微电网电压，并使有功在各逆变器型电源之间均分。类似地，应用频率无功推进来联合调节频率，并实现无功在各微型电源之间的均分。VP/FQ 交叉下垂可实现通过同步机接入微型电源与逆变器型微型电源共同承担负荷。

4.2.4　基于功率管理系统的控制方法

该方法采用不同的控制模块对有功、无功分别进行控制，较好地满足了微电网 P/Q、U/f 等多种控制方式的要求，尤其是在调节功率平衡时，加入了频率恢复算法，可以很好地满足频率质量的要求。另外，针对微电网中对无功的不同需求，功率管理系统采用了多种控制方法并加入无功补偿器，进而提高控制的灵活性并提高了控制性能。但该方法尚未考虑含有励磁系统和调速系统的常规发电机与含电力电子接口的分布式发电系统间的协调控制。

4.2.5　基于多代理技术的控制方法

该方法是将基于 PQ 恒功率控制策略的多代理技术应用于微电网的综合控制中，通过微电网控制中心（Microgrid Control Center）实现微电网的经济调度和市场化运行。代理的自治性、响应能力、自发行为等特点正好满足微电网分散控制的需要，提供了一个能够嵌入各种控制且无需管理者经常参与的系统。以典型的 AEN（Autonomous Electricity Networks）的三级控制结构为例，一级保证微电网可靠性运行，从而满足供需平衡；二级优化电能质量并减少电压、频率波动；三级经济优化，即边际成本等值优化。但是，目前多代理技术在微电网中的应用多集中于对微电网中频率、电压等进行控制的层面。要使多代理技术在微电网的控制中发挥更大的作用，还需大量的研究工作。

未来的微电网综合控制系统的研究方向将集中于不同种微型分布式发电系统的运行和控制，包括间歇式和可控式以及常规模式和基于变流器模式；微电网在孤网运行模式与并网运行模式下，智能型频率、电压控制策略的可行性研究；微电网的分散控制方法以及多分散控制器的协调优化算法，要求每个分布式发电系统根据自己局部的相关信息进行独立的电压调节和频率控制，并按照特定的目标函数优化多个分散控制器的性能，使得系统的总体性能得到最优，并满足各种运行环境下对电压和频率控制的要求。

4.3 微型电源及储能的控制方法

微型电源在微电网并网和孤网两种运行状态下的控制策略是不同的。微型电源的控制方式与所采用的发电装置的类型有关，对于采用电力电子逆变器的微型分布式发电系统来说，通常有三种控制方式：微电网并网状态下的 P/Q 控制方式，微电网孤网状态下的调速差 Droop 控制以及 U/f 控制。

4.3.1 P/Q 控制

通常 P/Q 控制方式用于微电网并网运行状态。在该状态下，微电网内负荷波动、频率和电压扰动由大电网承担，各微型电源不参与频率调节和电压调节，直接采用电网频率和电压作为支撑。采用电力电子逆变器的分布式电源的 P/Q 控制方式主要有两种，方法Ⅰ通过设定微型电源原动机的有功参考值来进行有功功率调节，并通过直流电压控制器进行辅助调节，而无功功率按照参考值进行控制；方法Ⅱ主要是通过逆变器的控制作用，按照给定参考值进行有功功率和无功功率输出。

逆变器 P/Q 控制方式Ⅰ框图如图 4－1 所示。

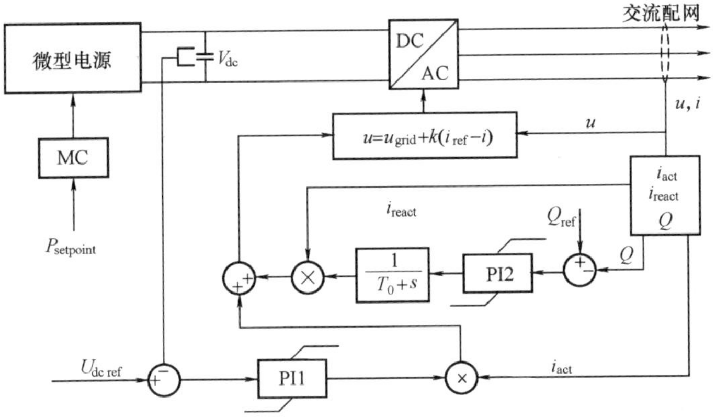

图 4－1　P/Q 控制策略Ⅰ框图

在该 P/Q 控制方式下，有功控制和无功控制对象不同。有功控制通过分布式电源控制器与逆变器直流电压控制器共同完成。首先给定原动机功率参考值 $P_{SetPoint}$，之后在原动机自身功率调节器作用下按参考值进行有功功率输出，同时在逆变器直流侧电压控制器 PI1 作用下，保障直流电压恒定，从而实现分布式电源的有功功率输出。无功功率控制主要通过逆变器进行。首先对逆变器端口电压和电流信号进行测量计算得到输出的无功功率 Q。然后在 PI2 调节器作用下，根据无功功率参考值 Q_{ref} 与实测逆变器输出无功功率 Q 之间的差值调节逆变器控制信号中无功电流的幅值，从而实现恒定无功功率调节。

方法Ⅱ是指通过直接控制逆变器实现 P/Q 控制。在该控制方式下，通过选择合理的同步旋转轴在 Park 变换下将逆变器输出电压 abc 分量转化为 dq0 分量，并使 q 轴电压分量 $u_{gq}=0$，则逆变器输出功率可以表示为

$$\begin{cases}P_{ref}=u_{gd}\times i_{gd}+u_{gq}\times i_{gq}=u_{gd}\times i_{gd}\\Q_{ref}=-u_{gd}\times i_{gq}+u_{gq}\times i_{gd}=-u_{gd}\times i_{gq}\end{cases}\tag{4-1}$$

由此可以得到电流内环的 dq 轴参考值为

$$\begin{cases}i_{gd,ref}=P_{ref}/u_{gd}\\i_{gq,ref}=-Q_{ref}/u_{gd}\end{cases}\tag{4-2}$$

dq 轴电流参考值 $i_{gd,ref}$、$i_{gq,ref}$与电压实际测量值 i_{gd}、i_{gq}之间的差值在 PI 调节器作用下，为逆变器输出电压提供参考 $u'_{id,ref}$、$u'_{iq,ref}$。同时，根据逆变器出口滤波电感参数 L_t，设置用于控制逆变器的 dq 轴电压参考分量 $u_{id,ref}$ 和 $u_{iq,ref}$，通过 Park 反变换，将其转化为 abc 分量，对逆变器进行控制。该控制方式框图如图 4-2所示。

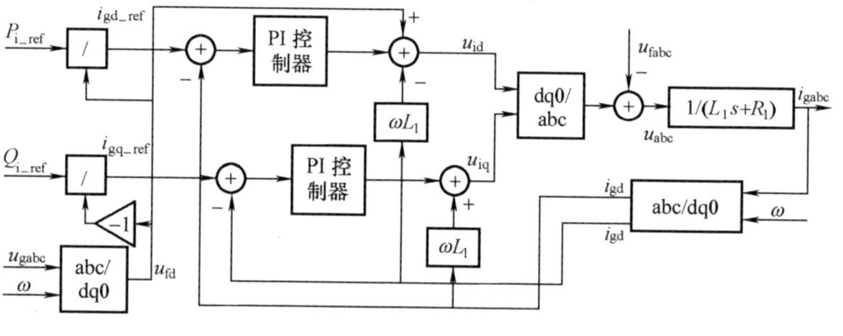

图 4-2　P/Q 控制策略Ⅱ框图

4.3.2　调差率（Droop）控制

所谓调差率控制，主要是指电力电子逆变器的控制方式与传统电力系统的频率一次调整类似，通过解耦有功—电压与无功—频率之间的下垂特性曲线进行系统电压和频率调节的方式。目前

对逆变器采用的调差率控制主要有两种，一种与传统同步发电机调节相似，采用有功—频率（P—f）和无功—电压（Q—U）调差率控制方式，另一种则是采用有功—电压（P—U）和无功—频率（Q—f）反调差率控制方式。两种方式虽然从形式上相差较大，但其根本原理相似，只是需要根据不同的线路参数特性的需要，进行调差率控制策略的选择。

设一条线路上的有功、无功潮流由 A 点流向 B 点，如图 4 - 3所示。

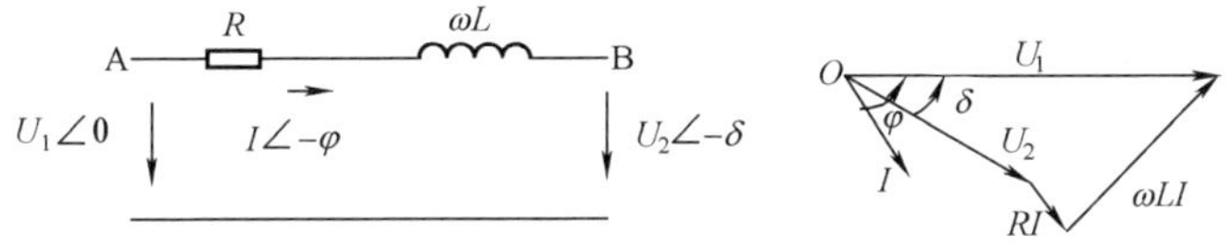

图 4 - 3　功率流动及相量示意图

从 A 点流向 B 点的有功功率和无功功率可分别表示为

$$\begin{cases} P = \dfrac{U_1}{R^2+X^2}[R(U_1-U_2\cos\delta)+XU_2\sin\delta] \\ Q = \dfrac{U_1}{R^2+X^2}[-RU_2\cos\delta+X(U_1-U_2\cos\delta)] \end{cases} \tag{4-3}$$

对于高电压传输线，线路参数中感抗远大于电阻（即 $X \gg R$），当功率角较小时有 $\sin\delta=\delta$，$\cos\delta=1$，则式（4 - 3）可以写为

$$\begin{cases} P = \dfrac{U_1U_2}{X}\delta \\ Q = \dfrac{{U_1}^2-U_1U_2}{X} \end{cases} \tag{4-4}$$

这说明有功功率与功角有关，而电压差值与无功功率有关。因此有功功率控制可以通过功角进行控制，即频率控制可以通过功角进行控制，而电压差值可以直接通过无功功率进行控制。

对于中、低压配网传输线，线路参数中感抗与电阻接近或远小于电阻，则方程可以改写为

$$\begin{cases} P = \dfrac{U_1^2 - U_1U_2}{R} \\ Q = \dfrac{U_1U_2}{R}\delta \end{cases} \tag{4-5}$$

从式（4-5）中可以看出电压差值与有功功率有关，而功角与无功功率有关，即频率与无功功率有关。因此，可以根据线路实际情况选择合理的调差率控制方式。通常，调差率控制结构框图如图 4-4 所示。

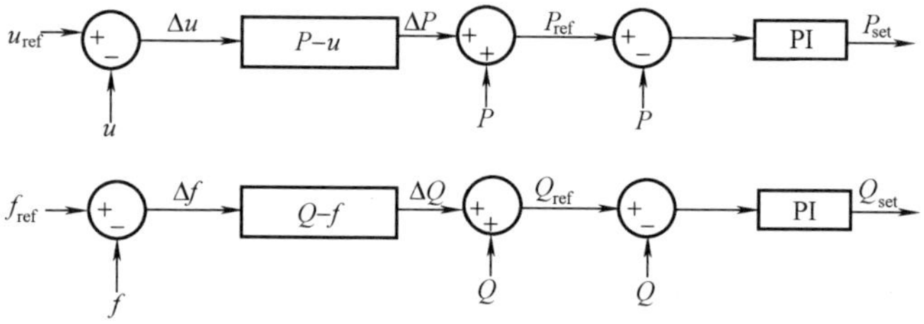

图 4-4　调差率控制结构框图

从图 4-4 中可以看出，通过比较分布式电源端口检测到的电压和频率与参考值之间的差值，作为调差率控制输入。通过对线路阻抗值特点的分析，选择合理的调差率控制方式，并在比例积分（PI）调节器调节下，通过电流控制来实现微型电源的电压和频率调节。

图 4-5 所示为频率下垂（$f-P$）和电压下垂（$U-Q$）特性曲线，分别是由其斜率（K_{fP}或者 K_{UQ}）和一个代表额定频率（f_0，P_0）或者基准电压（U_0，Q_0）的基点所确定。下垂系数和基点可以通过动态地调节各个发电单元的运行点的恢复过程来控制。下垂控制类似于传统的同步发电机的一次调频功能。

4.3.3　电压/频率（U/f）控制

逆变器的电压和频率控制主要是为微电网的孤网运行提供强有力的电压和频率支撑并具有一定负荷功率的跟随特性。通过设

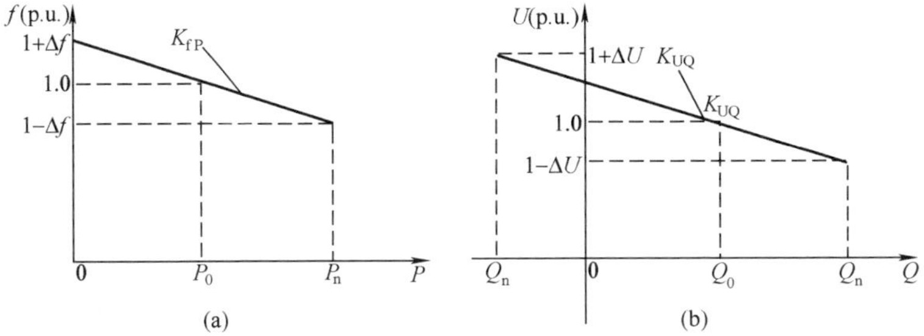

图 4-5　多个微型电源进行负荷分享的下垂特性曲线

(a) f—p 下垂特性；(b) U—Q 下垂特性

定电压和频率的参考值，在 PI 调节器作用下实时检测逆变器输出端口电压和频率，并作为恒压、恒频微型电源使用。控制方式示意图如图 4-6 所示。

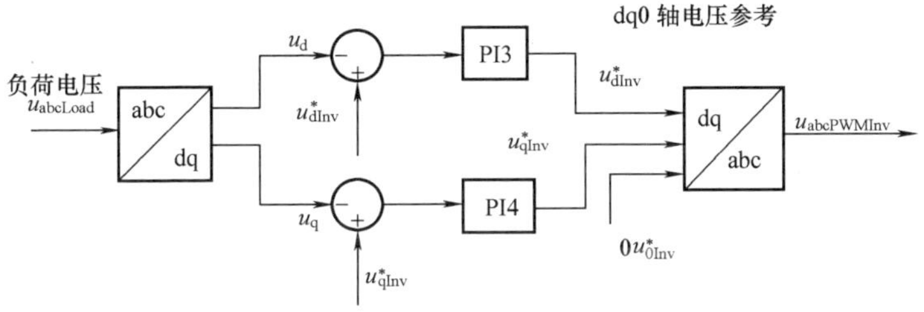

图 4-6　U/f 控制框图

从图 4-6 可以看出，电源在采用 U/f 控制时只采集逆变器端口电压信息，通过调节逆变器调制系数进行电压调节。而其频率采用恒定参考值，即电源频率恒定。

由于下垂特性，随着微电网负荷的变化，将导致稳态频率和电压波动。这将取决于下垂特性和负荷的频率/电压敏感度。要使微电网的频率/电压恢复到额定值，则需要调节微型电源的输出。微电网的频率控制即是调节微型电源的输出使微电网频率恢复到额定值。通过向左或者向右平行地移动频率下垂曲线保证频率在一个恒定值（如 50 Hz），如图 4-7（a）所示。类似地，电压控制通过向左或者向右调节电压特性曲线维持微电网电压在一个恒定值，如图 4-7（b）所示。

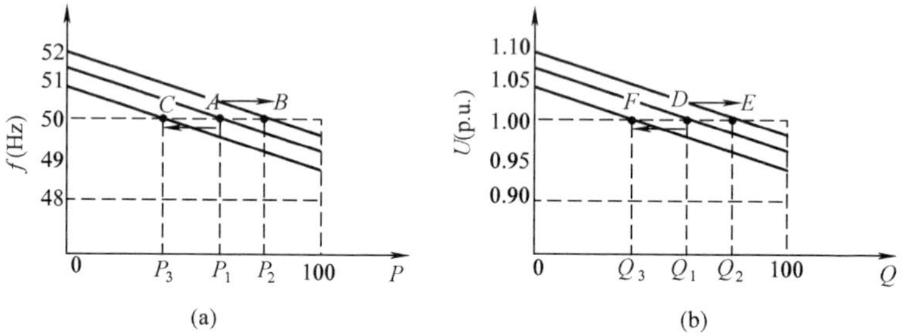

图 4-7 U/f 控制

（a）f—P 下垂特性；（b）U—Q 下垂特性

4.4 微电网稳定性控制

微电网的稳定性分为小信号稳定和暂态稳定。通过一些文献给出的动态仿真结果可见，微电网的小信号稳定性良好[2]。

当微电网与主配网连接并列运行时，若微电网中分布式电源发出的功率大于微电网中负荷的需求，能量经过 PCC 点流向主配网；若微电网中分布式电源发出的功率小于微电网中负荷的需求，主配网经 PCC 点向微电网注入电能。由于主配网的刚性，微电网的频率和电压由主配网决定，微电网分布式电源不参与电压和频率的调节。

主配网故障或电能质量不能满足要求或检修时，微电网与主配网断开，孤立运行；当主配网故障切除或电能质量恢复之后，微电网接入主配网，重新并列运行。在并网与孤网相互切换的动态过程和孤网运行时，为了保证平滑过渡和稳定运行，需要进行电压、频率、相角控制。

一、微电网控制模式

(1) 多主或单主控制。在微电网孤网运行和孤网与联网相互切换的过程中都需要频率和电压参考，仅有一个参考电源（VSI）时称为单主运行，两个或多个参考电源（VSI）时称为多主运行。无论单主或多主运行，都可以保证微电网孤网运行和孤网与联网相互切换过程的稳定性。

(2) 微电网孤网下垂（Droop）控制。根据传统同步电机输出有功与频率之间的下垂关系，微电网中各分布式电源的逆变器采用 $P-f$ 下垂控制和 $Q-U$ 下垂控制，负荷与功率差额在各分布式电源之间均衡分配，达到稳定状态。

二、采用储能装置

由于微电网的惯量小（特别是由逆变器型分布式电源组成的微电网），为了获得从并网到孤网状态的切换平滑过渡需采用储能装置。联网时微电网向主配网输出功率时，孤网切换过程中储能装置可以储存多余的能量；联网时微电网从主配网吸收功率时，孤网切换过程中，储能装置可以放电。

此外在采用下垂控制的情况下，可以通过储能装置实现二次调频，使孤岛频率恢复到额定频率。

三、甩负荷

当负荷与分布式电源额定容量相差较大时，微电网孤网运行时，无论对分布式微型电源采用何种控制方法，都无法使电压或频率的波动在可接受范围内，此时对可控制负荷或非重要负荷采用甩负荷的策略。

四、再并网控制

当主配网故障切除或电能质量恢复，要求重新再并网，如果孤岛内的端电压与电网电压不同步，并网会引起大的电流冲击。为了避免这种情况，可将电网电压参数发送给分布式电源，要求分布式电源调整输出电压使其与电网电压同步，孤岛控制单元检测到电压同步后才能闭合控制开关实现再并网。

4.5 微电网电能质量优化控制

分布式发电是建立在电力电子技术基础之上的，大量的电力电子转换器增加了大量的非线性负载，将会引起电网电流、电压波形发生畸变，引起电网的谐波污染。分布式发电对电能质量的影响主要是造成电压闪变和引入大量谐波，微电网电能质量的优化控制可以从这两方面进行考虑。

一、电压闪变的补偿

某个大型分布式单元的启动、分布式单元输出的短时剧变以及分布式单元与系统中电压反馈控制设备相互作用都可能给配电网和微电网造成冲击和电压闪变。闪变补偿可考虑以下方法[3]：

（1）采用独立回路供电。将分布式电源接入到有更大短路容量的母线上，可以大大降低其产生的电压闪变。采用独立回路供电后，产生的闪变影响范围就比较小，限制了对其他负荷的影响，这是最简便且行之有效的方法。

（2）降低共用配电线路阻抗。功率波动性分布式电源与其他负荷共用配电线路时，应降低配电线路阻抗，其根本也是通过增加短路容量的办法来降低闪变。

（3）提高供电电压。电压损失的百分比与电网额定电压的平方成反比。因此，可以通过提高供电电压来降低闪变。在同样功率波动下，采用 1.05V 供电电压产生的电压闪变是采用 0.95V 供电电压时的 0.82V 左右。

（4）采用静止型无功功率补偿装置。静止补偿装置 SVC 对大功率冲击性负荷引起的电压波动、闪变及谐波有很好的补偿作用。目前使用较多的是 FC/TCR（固定电容器/晶闸管相控电抗器）型 SVC，但 SR（自饱和电抗器）型具有可靠性高、反应速度更快、维护方便、维护费用低、过载能力强等优点。

（5）采用分布式储能装置以起到稳定系统的作用来抑制闪变。能量存储使得分布式发电机即使在波动较快和较大的情况（系统达到峰荷时）下也能够运行在一个稳定的输出水平。可靠的分布式发电单元与储能装置的结合是解决诸如电压脉冲、电压闪变、电压跌落和瞬时供电中断等动态电能质量问题的有效途径之一。适量的储能可以在分布式电源不能正常运行的情况下起过渡作用，可以降低波动的幅度和频率，从而降低闪变。

二、谐波抑制

分布式电源并网时，由于大量电力电子器件应用于分布式电源，所以不可避免地给系统带来大量谐波，谐波的幅度和阶次受到发电方式以及转换器工作模式的影响，同时对电压的稳定性和电压的波形都产生不同程度的影响。抑制和消除低压配电网中的谐波，基本上有两种途径。一种途径是从改变非线性负荷本身性能考虑，减少它们注入系统中的谐波电流，这主要适用于作为配电网主要谐波源的电力电子装置。另一种途径就是装设谐波补偿装置来补偿谐波，这对各种谐波源都是适用的[4]。

（1）装设无源滤波装置。无源滤波器是一种常用的谐波补偿装置，一般由电力电容器、电抗器（常为空心）和电阻器适当组合而成，运行中和谐波源并联，除起到滤波作用外还可以兼顾无功补偿的需要。由于这些设备结构简单、运行可靠、维护方便，因此在电力系统中得到了广泛的应用。滤波装置一般由一组或数组单调谐滤波器组成，有时再加一组高通滤波器。

（2）装设有源滤波器（APF）。APF 是一种动态无功补偿和抑制谐波的新型电力电子补偿器，由静态功率变流器构成，具有电力电子变流器的高可控性和快速响应性。与无源滤波器的最大区别在于它能主动向交流电网注入补偿电流。补偿电流的幅值与负载流入电网的谐波电流大小相等，相位差 180°，从而抵消负载所产生的谐波电流。APF 能有效地解决无源滤波器存在的不足，是电力系统无功补偿、谐波治理的发展方向。

4.6 微电网经济运行优化控制

4.6.1 微电网的优化设计

微电网的优化设计包括微电网结构、规模等方面。微电网的合理规划是确保微电网可靠性、经济性的关键，也是分布式电源技术可靠、经济实施并与主电网经济、可靠、协调发展的首要环节。

微电网的发电机组类型有微型燃气轮机（Micro - Turbine，MT）、燃料电池（Fuel Cell，FC）、太阳能发电（PV）、风力发电机（Wind Turbine，WT）、生物质能（Biomass Energy，BE）等。微电网可以说是一组负荷和微型电源的集合。微电网接近负荷侧，为绿色新能源发电的应用提供了条件。微电网在设计阶段，要根据因地制宜的原则，实现当地可再生能源的充分利用。根据当地的风能、太阳能、地热能、海洋能以及生物质能的利用条件，制定合理的发电计划，充分利用资源。在安排各微型电源发电计划时，也要充分发挥可再生能源机组的出力，风电、光伏发电等不参与调度，通过超级电容器等储能装置进行调节功率的盈亏。

在微电网的设计阶段，首先，应确定微电网的规模。微电网应优先考虑可再生能源的利用。根据负荷预测的结果，综合考虑可再生能源发电的装机容量。如果当地可再生能源丰富，可以使可再生能源发电量与负荷相等（或应该略高于），这样可能会出现微电网白天在太阳能丰富时或者晚上风能富余时卖电给电网的情况。此外，根据可再生能源的波动情况，安装合理容量的备用机组和储能装置。根据可靠性、经济性的评估，合理确定微电网的规模。

其次，要确定各种微型电源的组合结构。在满足安全稳定运行的前提下优先发展可再生能源发电，如太阳能、风能，但其具有间歇性；其次是可调度能源（dispatchable power source），比如 CHP，但其响应速度慢；储能设备响应快但是成本相对昂贵。由此可见，解决的办法之一就是三种电源类型结合使用。

微电网优化设计考虑的原则有：所选择的连接方式使总投资最小；微型电源的选址和定容满足整体和局部可靠性标准；微电网系统的结构必须实现整体投资最小化并解决环境问题和可靠性问题。分布式电源连接的位置不同，可能会影响其发电效率，因此要使发电效率最高。需要考虑的约束条件有：

（1）功率平衡约束。电源功率要与负荷、损耗之和相等；

（2）燃料电池和微型燃气轮机产生作为副产品的热量，用于空间供电，但是地热系统非常嘈杂，可能会妨碍其在居民区的使用；光伏发电系统安装的费用比较高，但是几乎不存在任何的运行费用，并且最好安装在阳光比较充足的地方；海洋地热能转换利用也许对于沿海地区更加可行；

（3）微电网中的负荷分为敏感负荷和非敏感负荷，重要负荷和可中断负荷等，微型电源的配置要考虑负荷的需求；

（4）微电网系统的结构必须满足将来一段时间内的负荷需要。

4.6.2　微电网的运行优化

微电网的优化运行与管理，主要关注如何正确地选择各类型微型电源的功率输出，使其能够在排放最小时满足负荷需求。

对微电网机组的管理需要对环境、经济模型进行精确描述，根据输出功率来描述运行问题。这种模型实际上是离散的、非线性的，因此需要通过优化算法确定最小的运行成本和排放。

一、运行成本

这部分的目的在于目标函数中的运行成本函数。根据上面提出的最小化运行成本的假设，目标函数[5]可以描述为

$$C=\sum_{i=1}^{N}\left[C_i\times F_i(P_i)+OM_i(P_i)\right]+C_{buy}-C_{sell} \quad (4-6)$$

$$OM=\sum OM_i(P_i)=\sum_{i=1}^{N}K_{OM_i}P_i \quad (4-7)$$

式中：$F_i(P_i)$ 为发电单元 i 的燃料耗量函数，P_i 表示其输出功率；C_i 为相应燃料的价格；

$OM_i(P_i)$ 为发电单元 i 的运行和维护费用，对于不同类型的分布式电源，系数 K_{OM_i} 的值不尽相同[6]；C_{buy}、C_{sell} 为并网状态下微电网系统从外部电网的购电费用或向外部电网的售电收益，孤网状态下 $C_{buy}=C_{sell}=0$。

二、约束条件

（1）功率平衡约束。为了满足功率平衡，各机组出力必须满足等式约束

$$\sum_{i=1}^{N}P_i-P_L+P_{PV}P_{WT}P_{batt}=0 \quad (4-8)$$

式中：$\sum_{i=1}^{N}P$ 为总发电容量；P_L 为负荷大小；P_{PV}，P_{WT}，P_{batt} 分别为光伏发电、风机、蓄电池的功率输出。

（2）发电容量限制约束。各台发电机的出力必须满足机组容量限制才能稳定运行，即要求：

$$P_i^{min}\leqslant P_i\leqslant P_i^{max},\forall_i=1,\cdots,N \quad (4-9)$$

式中：P_i^{min}、P_i^{max} 分别为机组 i 最小、最大安全出力。

三、微电源经济运行建模

（1）风力发电机输出功率。风力发电机的输出功率计算式可表示为[7]

$$
\begin{cases}
P_{WT} = 0 & v < v_{ci} \\
P_{WT} = av^3 + bv^2 + cv + d & v_{ci} < v < v_r \\
P_{WT} = P_r & v_r < v < v_{co} \\
P_{WT} = 0 & v > v_{co}
\end{cases}
\tag{4-10}
$$

式中：P_r、v_{ci}、v_r、v_{co}分别为风机的额定功率、切入风速、额定风速和切出风速参数，由风机生产商提供；v 为实际风速；a、b、c、d为可由厂家提供的输出功率曲线拟合得到。

（2）光伏电池输出功率。PV 的输出功率计算式可表示为[8]

$$
P_{PV} = P_{STC} \frac{G_{AC}}{G_{STC}} [1 + k(T_c - T_r)] \tag{4-11}
$$

式中：P_{STC}为 STC（标准测试条件：太阳光入射强度 $1000W/m^2$，环境温度 25℃）下的最大测试功率；G_{AC} 为光照强度；G_{STC} 为 STC 下光照强度，取 $1000W/m^2$；k 为功率温度系数；T_c 为电池板工作温度；T_r 为参考温度。

（3）燃料电池。微电网系统配置的是质子交换膜燃料电池（PEMFC），以氢气为燃料，空气或纯氧作为氧化剂，通过化学反应得到电能。

根据电池的阴、阳极反应方程式[9]为

$$
H_2 \rightarrow 2H^+ + 2e^- \tag{4-12}
$$

$$
\frac{1}{2}O_2 + 2H^+ + 2e^- \rightarrow H_2O \tag{4-13}
$$

可以推算出电池每发出 1A 电流的氢氧燃料耗量，再参考燃料电池厂家给出的产品参数，可以得出电池输出功率与燃料耗量的关系。

（4）基于微型燃气轮机的冷热电联产。基于微型燃气轮机的小型冷热电联产系统能很好地实现能量的梯级利用。系统以微型燃气轮机为核心装置，燃气轮机发电同时，排出的高温烟气通过溴化锂吸收式制冷机用于制冷、取暖和供应生活热水等（如图 4－8 所示）。

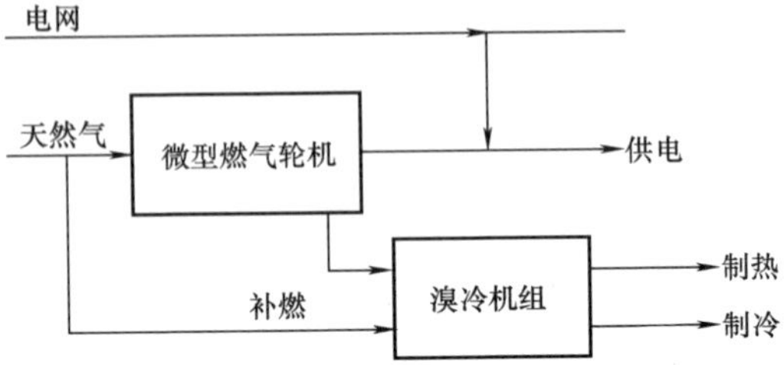

图 4-8　基于微型燃气轮机的冷热电联产示意图

其数学模型主要计算公式[10]如下

$$Q_{GT}=\frac{P_e(1-\eta_e-\eta_L)}{\eta_e} \tag{4-14}$$

$$Q_{gt\text{-}co}=Q_{GT}\times COP_{co} \tag{4-15}$$

$$Q_{gt\text{-}he}=Q_{GT}\times COP_{he} \tag{4-16}$$

$$V_{GT}=\frac{\sum P_e\Delta t_1}{\eta_e\times LHV_{NG}} \tag{4-17}$$

式中：Q_{GT}为燃气轮机烟气余热量；P_e 为燃气轮机输出功率；η_e 为燃气轮机发电效率；η_L 为燃气轮机散热损失系数；$Q_{gt\text{-}co}$、$Q_{gt\text{-}he}$分别为燃气轮机烟气余热提供的制冷量和制热量；COP_{co}、COP_{he}分别为溴冷机的制冷系数和制热系数；V_{GT}为运行时间内燃气轮机消耗的天然气量；Δt 为燃气轮机的运行时间；LHV_{NG}为天然气低热热值。

微型燃气轮机不同功率下的燃料耗量，可由发电机生产商提供的燃料耗量特性参数拟合得到。

参　考　文　献

[1] Charles K. Sao，Peter W. Lehn。Control and power management of converter fed microgrids [J]. IEEE tranactions on power system.

[2] N. Jayawarna，X. Wu，Y. Zhang，N Jenkins，M. Barnes. Stabili-

ty of a microgrid.

[3] 梅天华. 分布式发电闪变研究与管理:[浙江大学硕士学位论文].

[4] 王军. 带分布式发电的配电网谐波研究:[中国科学院电工研究所硕士学位论文].

[5] F. A. Mohamed, H. N. Koivo. System modelling and online optimal management of microgrid [J]. In Proc. of Sixth International Workshop on Large - Scale Integration of Wind Power and Transmission Networks for Offshore Wind Farms, 2006, 470~478.

[6] S. Häggmark, V. Neimane, U. Axelsson, P. Holmberg, G. Karlsson, K. Kauhaniemi. Aspects of different distributed generation technologies [J]. CODGUNet WP3. May 2003.

[7] Chedid, R. Akiki, H. Rahman, S. A decision support technique for the design of hybrid solar - wind power systems [J]. IEEE Transaction on Energy Conversion, 1998, 13 (1): 76~83.

[8] E. S. Gavanidou and A. G. Bakirtzis. Design of a stand alone system with renewable energy sources using trade off methods [J]. IEEE Transaction on Energy Conversion, 1992, 7 (1): 42~48.

[9] 黄镇江. 燃料电池及其应用 [M]. 北京:电子工业出版社,2005.

[10] 魏兵,王志伟,李莉,等. 微型燃气轮机冷热电联产系统经济性分析 [J]. 热力发电,2007,36 (9):1~5.

多 Agent 系统及其在微电网中的应用

5.1 Agent 和 MAS 的基本知识

关于 Agent 的概念，不同的研究者根据自己的研究背景和研究领域提出了不同的研究观点和看法。迄今为止，尚没有形成统一的 Agent 定义。Minsky 在 1986 年出版的“思维社会”中首次提出了 Agent，认为社会中的某些个体经过协商可求得问题的解，这个个体即是 Agent。Agent 的基本思想是使软件能模拟人类的社会行为和认知，即人类社会的组织形式、协作关系、进化机制，以及认知、思维和解决问题的方式。和传统的对象概念相比，Agent 概念具备更多的知识、主动性和协作性，具有更强的问题求解能力和自治能力[1]。

Agent 模型最初是作为一种分布式智能的计算模型被提出的。当前的研究主要有两方面的目的：①控制分布式计算的复杂性；②克服人机界面的局限性。通过网上合作，充分利用空间分布的智力、信息和技术资源以合作方式解决问题，这种结构体系和运作方式已经形成新的风范。而智能 Agent 是指在动态的多 Agent 领域采取灵活、自治活动的计算机实体，自然也带有 Agent的普遍特性。纵观诸多 Agent 的定义，可以将智能 Agent 的特性归纳如下：

（1）自治性。Agent 能自行控制其状态和行为，能在没有人或其他程序介入时操作和运作。

（2）通信能力。Agent 能用通信语言与其他实体交换信息和相互作用。

（3）推理和规划能力。基于知识系统和外界环境的情况进行推理和规划，解决自身或传递自身领域内的各类问题。

（4）协作、合作、协调及协商能力。表现为协同完成任务，协调和合作解决复杂问题，协商执行某类行动等。基于这类行动，Agent 具有分布、自治和快速处理复杂问题的能力。

（5）感知能力和反应性、能动性、持续性、机动性和可移动性、可靠性、诚实性和理智性等。

对于单个软件 Agent，其典型结构如图 5－1 所示，主要包括 6 个部分。

图 5－1　软件 Agent 典型结构简图

（1）人机界面：用于软件 Agent 与用户的交互，如接受指令、显示任务完成情况等；

（2）通信模块：用于和其他 Agent 交换信息；

（3）计算、分析和推理模块是软件 Agent 的“智能”核心；

（4）语言包装和协调机制：将不同语言实现的软件模块封装、协调运行；

（5）知识数据库：用于存储 Agent 已有的知识、经验或者数据；

（6）总体控制管理模块：将以上各个模块整合为完整的软件 Agent 协调运作模块。

MAS（Multi－Agent System）是由多个Agent组成的 Agent 系统，是一种分布式自主系统。它的思想可以追溯到 20 世纪 80

年代，最初由分布式人工智能和人工生命科学的发展需要而产生。20 世纪 70 年代末，美国的 Erman 和 Lesser 等人基于“黑板系统”模型，通过随机激活多个知识源来寻求问题的解。知识源通过在一个共同的“黑板”区域进行信息和知识的存取和修改，并有一个控制器来解决不同知识源同时访问黑板时产生的冲突，各个知识源可以独立地进行计算、分析等活动。然而，由于“黑板系统”模型中的“知识源”结构简单，共享信息访问效率低，各知识源之间不易实现交互协调，于是在 20 世纪 80 年代初，Lenat 等人在进一步研究的基础上提出了通过“专家群”来求解问题的想法。与此同时，Hewitt 的并行编程和开放式系统的研究也取得了较大成果，并发展了用于不同“专家”间交互的通信语言，改善了他们的独立性和协作性，提高了求解问题的效率和系统的适应性，这就是多 Agent 技术的雏形。20 世纪 80 年代中期到 90 年代初期，计算机网络的发展和分布式人工智能的需要，多 Agent 技术正式形成并进入工程应用。

MAS 的表现主要通过 Agent 的交互来实现[2]，往往用于解决单个 Agent 无法处理的问题。主要研究多个 Agent 为了联合采取行动或求解问题，如何协调各自的知识、目标、策略和规划[3]。在表达实际系统时，MAS 通过各 Agent 间的通信、合作、互解、协调、调度、管理及控制来表达系统的结构、功能及行为特性。由于在同一个 MAS 中各 Agent 可以异构，因此多 Agent 技术对于复杂系统具有无可比拟的表达力，它为各种实际系统提供了一种统一的模型，从而为各种实际系统的研究提供了一种统一的框架，其应用领域十分广阔，具有巨大的潜在市场。总的来说，多 Agent 系统具备如下四个特点：①具备解决问题的充分信息或足够能力；②整个系统中不存在全局的控制机构；③数据是分布的；④计算过程不一定同步进行[4]。

MAS 的体系结构是指多 Agent 之间的通信和控制模式，它的类型影响着整个系统的性能，通常情况下它可分为集中式、分布式及混合式三种。但从本质上来说，所有的 MAS 都是分布式结构。

（1）集中式结构（如图 5－2 所示）。它将系统分为多组，每组采取集中式管理，即每一组 Agent 提供一个全局控制，并且由一个通信 Agent 来承担消息传递任务，而整个系统采用同样的方式对各个成员 Agent 组进行管理。该方式能保证系统内部信息的一致性，在实现系统管理、控制和调度时较为方便。但随着各 Agent 组复杂性和动态性的增加，控制的局限问题也更加突出，一旦控制局部或全局的管理 Agent 崩溃，将导致整个系统的崩溃。

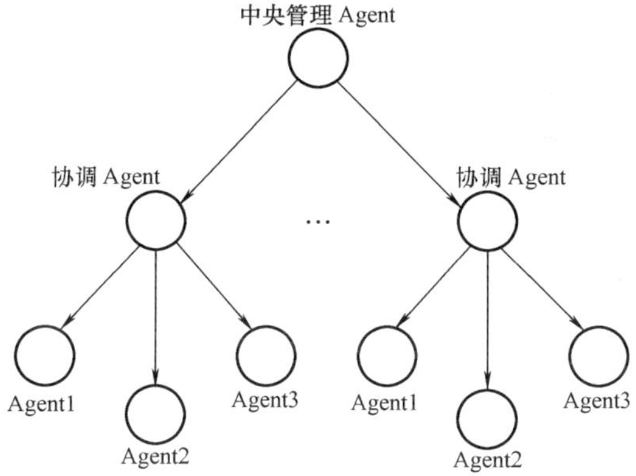

图 5－2　集中式体系结构图

（2）分布式结构（如图 5－3 所示）。各 Agent 组之间和组内各 Agent 之间均为分布式结构，各 Agent 组或 Agent 处于平等地位。Agent 是否被激活及执行何种操作取决于系统状况、周围环境、自身状况及当前拥有的数据。此结构中可设置多个中介 Agent，为各 Agent 成员寻求协作伙伴时提供服务。该结构的优点为：增加了灵活性、稳定性，控制局限性得到改善；但仍有不足之处：各 Agent 组或 Agent 的操作受限于局部或不完整信息，很难保证 Agent 成员之间以及与系统目标、行为的一致性。

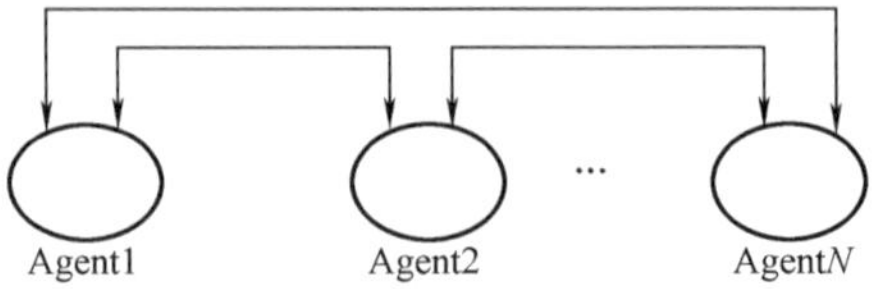

图 5-3　分布式体系结构图

(3) 混合式结构（如图 5-4 所示）。该结构结合了集中式和分布式结构的特点，它设置了一个或多个管理 Agent，此 Agent 只对部分成员 Agent 以某种特定方式进行统一管理，参与解决 Agent 之间的任务、资源的划分和分配以及冲突的协调等。其他成员 Agent 之间是平等的，他们的所有行为将由自身决定。此结构综合了集中式和分布式两种结构的优缺点，是目前 MAS 普遍采用的系统结构。下文所介绍的基于 MAS 的微电网电压控制系统即采用此种结构体系[5]。

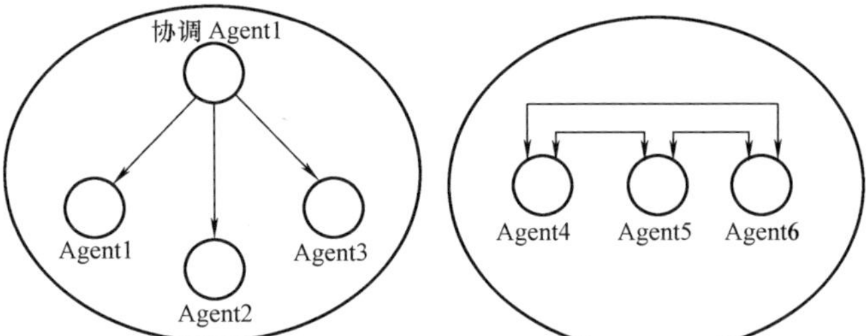

图 5-4　混合式体系结构图

5.2　多 Agent 系统在微电网中的应用

5.2.1　建立基于 MAS 的高渗透率下微电网控制体系

基于 MAS 的分层分布式控制系统采用集散递阶控制系统的结构，将组织级、协调级和执行级等各级控制器均作为完成相应任务的 Agent，其系统结构如图 5-5 所示。

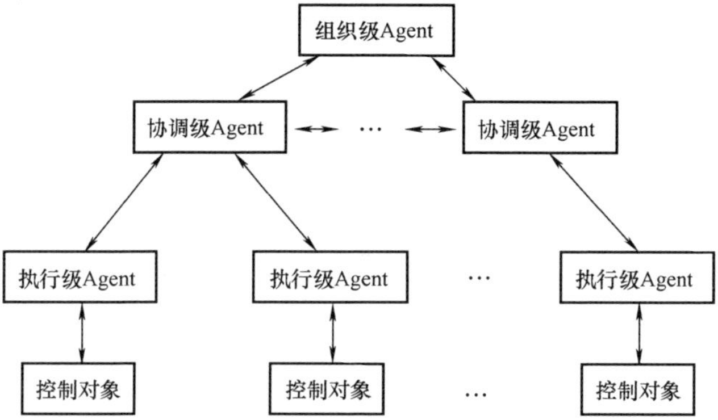

图 5-5　基于 MAS 的分层分布式控制系统结构图

执行级 Agent 执行控制调节任务，要求具有控制过程的数学模型知识以及掌握控制的目标状态，可由现场控制机实现；协调级 Agent 接受来自组织级 Agent 的指令和每一子任务执行过程中的反馈信息，并协调执行级 Agent 的执行过程，它可由监督计算机实现；组织级 Agent 决定总体要执行的任务或系统控制目标，可由管理计算机实现[5]。

Agent 执行控制任务有以下两种基本方式。

(1) 基于现地环境信息的自治方式。Agent 通过感知现地环境信息的变化，计算评估当前状态与系统目标状态的差距，并作出相应决策调节控制器整定值或相关参数，使得系统逐步趋向目标状态。当环境结构发生变化时，需要对感知器的计算评估模块作相应的修改。

(2) 基于通信协调的请求—响应方式。当某一 Agent（源 Agent）需要其他 Agent 协助完成任务时，可通过计算或推理选择最适合承担该任务的一个或多个 Agent（接收 Agent），发送任务执行请求。接收 Agent 检测到该请求，如果该请求与其自身利益不发生冲突，即执行该任务不会使控制对象超过其运行限制，则完成该任务，并向源 Agent 返回成功执行信息，否则认为任务执行失败[15]。

继续研究，人们发现随着微电网实用化程度越来越高，将来必然出现各种规模、形式以及具有地域特点的微电网，因此微电网的分布式特性将越来越明显，渗透率也将逐渐提高。在高渗透率情况下如何有效地控制多个微电网的并网/孤网稳定运行成为难题，传统的集中式控制方法要控制高分散性的微电网难度太大，显然不适应。新的控制方法既要能达到对各个分布式的微电网进行统一控制、管理，又要适应微电网自身所具有的分布式特性以降低控制的难度。从上面对多代理系统的阐述可以得知，MAS 中 Agent 的自治、通信、可协调等特点以及 MAS 的系统特性正好可以解决上面遇到的难题。因此通过 MAS 构建高渗透率情况下微电网的控制体系是可行的重要途径之一。

根据图 5－5 的结构，我们设计了一种高渗透率情况下微电网的控制系统结构，如图 5－6 所示。

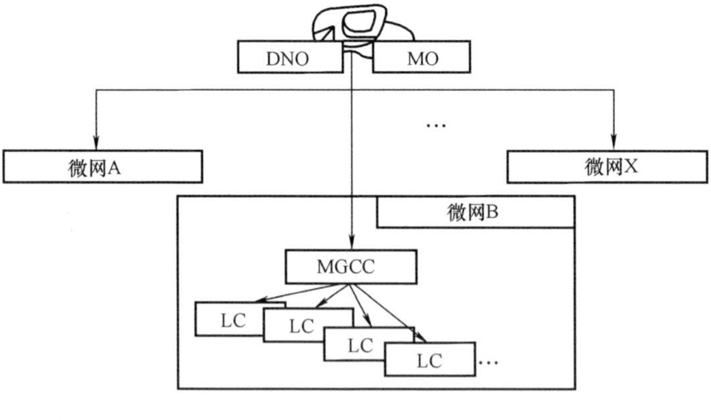

图 5－6　微电网控制体系结构图

如图 5－6 所示，可以在每个配电网中设置一个微电网控制平台如 DNO/MO，它作为组织级 Agent，用于控制下面各个不同的微电网 Agent；微电网 Agent 则为协调级的 Agent；在微电网内部的微源、储能装置、负荷等都装有执行级的 Agent，它们作为本地控制（LC），用于控制微源、储能装置，反映负荷变化情况等。

5.2.2　多 Agent 应用于微电网电压控制

一、基于多 Agent 的微电网电压控制的原理

微电网电压控制的目的是快速协调微电网系统中的无功电压控制设备，维持控制区域的电压水平，提高电压稳定性。对分布式特性很强的微电网来说，电压控制也应该采用分布式的控制方法，目前流行的分布式电压控制方法为分级电压控制，在配电网中主要采用二级电压控制系统来实现。一般来说，理想的二级电压控制系统设计应满足以下基本要求。

（1）正常情况下通过实时调节各一级电压控制器的整定值维持受控区域的无功电压在优化状态。

（2）电压调节过程中应努力保证各控制设备在安全运行的范围内。

（3）二级电压控制器能够实时监测各一级电压控制器状态，并根据系统情况，在出现电压波动的情况下选择最理想的无功补偿装置进行补偿，使电压能尽快稳定。

（4）在负荷急剧变化、系统故障或网络拓扑结构改变造成系统内某些节点电压异常的紧急情况下，能迅速调节最理想最有效的电压无功设备，使节点电压恢复正常。

（5）控制系统中的某些远程通信信道出现问题时，二级电压控制器能够及时感应故障，并发出故障指示，同时一级电压控制器在通信故障期间，能够根据以往的运行经验，维系该受控范围内电压的基本稳定。

基于多 Agent 的微电网电压控制系统的基本原理是以基于多 Agent 的分层分布式控制系统理论为基础，按照二级电压控

制系统的基本要求，先把整个微电网按照可控及不可控微源、储能装置、无功补偿设备以及可变负荷等分为多个电压控制节点，然后在每个电压控制节点处装设一级控制 Agent，而在微电网控制中心设立协调级 Agent，构成一个完整的二级微电网电压控制多 Agent 系统，其原理示意图如图 5－7 所示，一级管理 Agent 作为电压控制系统的本地控制。这种方法的基本思想是将控制器之间的相互作用看成合作，达成各控制器控制作用的相互协调，实现控制区域或系统的总体控制目标。整个 Agent 系统按照 MAS 的原理和技术来实现和协调各控制器的运行，对微电网的电压进行优化控制[16]。

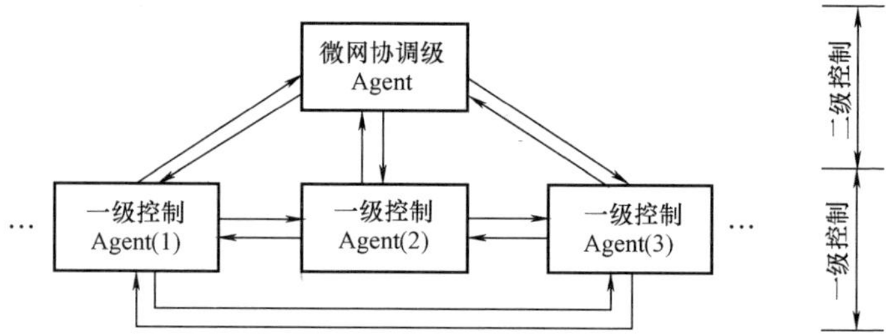

图 5－7 基于多 Agent 的微电网电压控制系统原理示意图

基于 Agent 技术的控制理论不同于传统意义上的分散控制，而是将各电压控制器作为具有自治性和协作性等主动行为能力的控制 Agent，形成一个有序合理的 Agent 网络，各 Agent 一方面根据运行情况自主完成特定的调压任务，另一方面可通过通信系统与同级 Agent 之间分享信息和任务，接受上级 Agent 下达的调压任务并反馈执行情况，实现系统的整体协调，达到维持微电网电压水平的目的。

在系统紧急情况时，电压波动不仅会发生在 Agent 所在节点，而且也可能发生在 Agent 的邻近线路上，而此时 Agent 所在节点的电压水平仍在正常范围内。因此，各一级控制 Agent

除了要监控自己所装设节点的电压值外，还要顾及其周围线路及节点。这一控制作用可以通过对邻近线路的电压估计，将信息反馈至协调级 Agent，由协调级 Agent 下达相关指令，利用 Agent 自身的二级电压控制或同其他邻近 Agent 的二级电压协调控制实现。在这样的多 Agent 系统中，各个一级控制 Agent 的覆盖范围就由其自身的安装节点和周围线路等多个节点构成，这就是所谓的 Agent 多点覆盖技术。

二、基于多 Agent 的微电网电压控制系统的设计和实现

（一）控制系统结构设计

多 Agent 系统的体系结构主要有集中、分布和混合式三种。依据微电网的特点采用混合式结构，各 Agent 之间相互独立、平等，并代表各系统元件进行电压无功控制，整个系统结构如图 5－8所示。其中一级控制主要针对于对无功控制设备的调控；二级控制主要针对于对电网运行状态的控制与协调，即微电网 Agent（协调级 Agent），通过自身分析判断直接实现对整个电网电压的控制与协调。此外一级控制 Agent 之间的信息交流可通过信息交流系统如黑板系统实现。

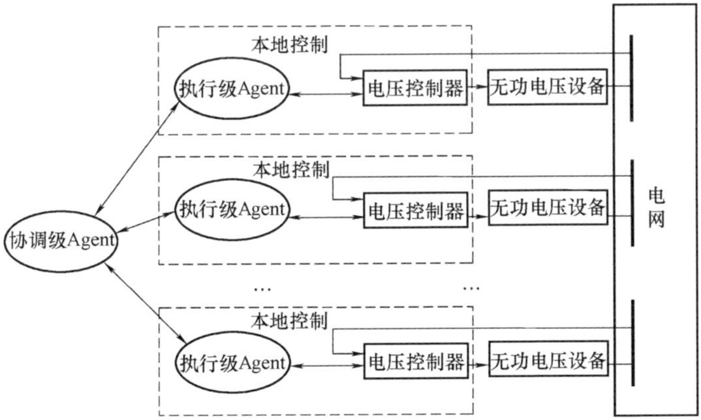

图 5－8　基于多 Agent 的微电网电压控制系统结构图

各级控制的具体功能如下。

（1）一级控制：能够对设备的运行状况、可操作数目等基本情况进行汇总和呈报；能够判别、分析二级控制发出的指令的正确与合理性；能对节点运行状况进行监控，并在计及相互影响且自身能力范围内的条件下进行电压调控，各 Agent 能够相互关联照应，在出现 Agent 无法通过自身电压控制消除覆盖范围内某节点电压越限时，除有监控本区节点电压、维持该电压水平的能力之外，还同时具有与之相邻近区域节点电压水平的协调能力。

（2）二级控制：协调级 Agent 具有基本潮流计算、灵敏度分析能力；能够判断、分析系统运行状态；具有自动识别连线状态和自检、恢复能力[17]。

（二）控制系统的实现

（1）Agent 功能和任务。正常情况下，作为协调级 Agent 的微电网协调 Agent 定期向各执行级 Agent 发出电压调节指令，并接受每一个任务执行过程中的信息反馈，其具体运行规律可参考协调二级电压控制（CSVC）思想。

1）微电网协调级 Agent 的基本任务包括如下几点。

①监视各一级执行级 Agent 节点的电压，采集微电网内负荷有功和无功、各微电源有功和无功、储能元件信息，根据微电网参数、电压限制规则和控制设备有功、无功限制等，得到微电网各点的电压水平和无功储备情况。

②正常运行情况下，根据各点实时反馈的电压信息，通过预先设定的推算规则，以某种优化协调方式确定各一级执行 Agent 所属位置的电压参考值，并将执行命令发送至各一级执行 Agent。

③紧急情况下接受执行级 Agent 协助调压请求，选择最适合承担该调压任务的一级执行 Agent，并将执行请求发送至该 Agent，同时向其余 Agent 发出信息。

④紧急情况下，当仅靠某点执行级 Agent 的电压调节已无

法消除该执行级 Agent 区域内的节点电压越限时，微电网的协调级 Agent 向相邻电压控制区执行级 Agent 发出通信指令，使其参与进行二级电压协调控制，在最短时间内消除电压波动，并将相关信息及时反馈。

2）控制微电源 AVR 或者其他无功源的控制器作为执行级 Agent，其基本任务包括如下几点。

①采集本地信息，如电压、有功、无功等的变化，评估本地节点和邻近线路的电压水平，一旦检测到电压越限，一级执行 Agent 自主地作出决策，通过调节该电压控制器参考电压整定值改变无功输出，尽可能快地将电压恢复到正常水平，并将相关信息报告微电网协调 Agent。

②正常情况下，接受微电网协调或其他执行级 Agent 的调压任务执行请求，并返回相关执行信息。

③紧急情况下执行级 Agent 按自治方式调节时，若该 Agent 所在的无功电压控制设备达到安全运行限值，但电压水平仍未回复至安全运行范围内，则向微电网协调级 Agent 请求由其他执行级 Agent 协助完成任务。

执行级 Agent 所有的协调控制行为均不应威胁到自身的电压调节水平，即确保该 Agent 的控制对象在安全稳定的运行范围内运行。以发电机 AVR 的 Agent 为例，执行任务时应满足以下限制条件：机端电压在容许范围内；输出无功在容许范围内；定转子电流发热在容许范围内；发电机在具有一定稳定裕度的范围内运行；AVR 整定值一次调节增量在容许范围内[15]。

（2）Agent 结构和运行机制。根据上文所述各级 Agent 的功能及任务不同，其具体结构存在一定差异。为此分别设计微电网执行级 Agent 及协调级 Agent 基本结构如下。

1）执行级 Agent。执行级 Agent 以维持所控制节点无功平衡、保持该节点电压合格为目标，控制该节点的无功功率和电压。它由通信模块、感知器、决策模块、规则库、算法模块、执行模块等组成，其结构框图如图 5－9 所示。

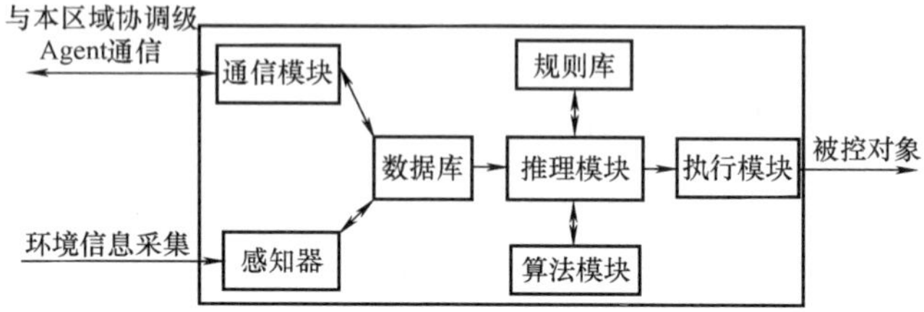

图 5－9 微电网执行级 Agent 结构框图

执行级 Agent 各模块具体功能有如下几点。

①通信模块保证执行级 Agent 与同级 Agent 以及执行级 Agent与微电网协调级 Agent 进行通信，包括实时反馈自身运行状况及具体操作，当自身无功出力达到极限时向微电网协调级 Agent 发出协助请求和接受协调级 Agent 发布的协助调压信息。

②感知器采集环境信息如无功、电压等，并存放到数据库中。

③数据库存储本节点的状态数据和接受到的信息。

④规则库用于确定 Agent 的决策方式。包括电压无功越限判据、Agent 的控制范围、该 Agent 所在节点电压控制设备的参考值等信息。

⑤算法模块给出控制算法。

⑥推理模块是 Agent 的核心，它根据当前决策方式以及系统状态，采用相应的控制算法给出整定值调节量并监督执行模块完成执行相应的操作，同时保证该操作不会对自身利益造成侵害。

⑦执行模块根据决策控制向本地电压控制设备发出控制命令，并反馈其执行情况。

2）协调级 Agent。协调级 Agent 管理微电网中所有执行级

Agent，并综合协调各执行级Agent的电压控制行为，使微电网的无功电压保持在正常和优化水平上，并有较为充裕的无功储备。其结构如图5-10所示。

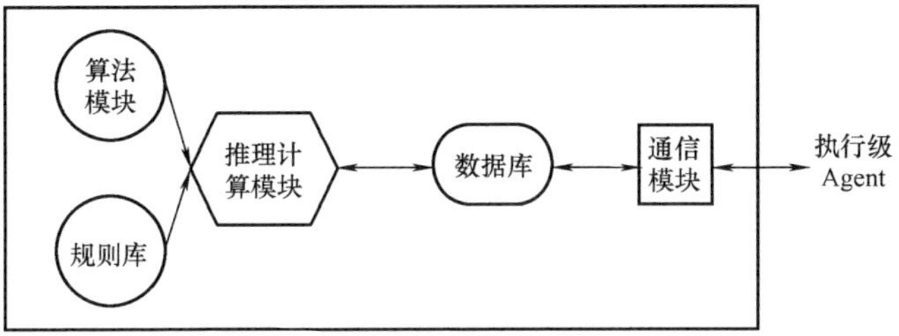

图5-10 微电网协调级Agent结构图

协调级Agent各模块功能具体如下。

①通信模块一方面采集各执行级Agent的实施状态数据或接受执行级Agent的任务协助请求，另一方面将正常情况下的无功优化计算结果下发给各执行级Agent，为其进行本地电压控制提供依据，或在紧急状况下选择特定执行级Agent进行调压协助。

②数据库存储微电网内各执行级Agent的实时状态数据以及推理模块的优化计算结果等。

③推理模块有两种决策方式：正常情况下的并行优化计算方式根据数据库存储的各节点的实时电压、有功、无功等信息，通过数学推理给出微电网各执行级Agent所在的电压控制设备的参考电压整定值，将结果存储到数据库中，并下达到各执行级Agent；紧急情况下的任务协助方式则根据某个执行级Agent发来的求助信息，通过对其相邻执行级Agent的环境信息和电压控制能力的评估，选择最合适的执行级Agent进行快速的电压协调控制，保证在最短的时间内消除特定节点的电压越限危险。

④规则库用于确定Agent的决策方式，包括电压无功越限

判据、各个 Agent 的控制范围、Agent 所在节点电压控制设备的参考值等信息。

⑤算法模块给出推理模块进行微电网无功电压优化计算所选用的最佳数学方法。

（3）Agent 控制策略。当系统处于正常情况时，控制系统的目标是实现全局的优化控制，维持系统整体电压水平和良好的无功分布。此时，协调级 Agent 是控制的中心，采用优化协调控制算法计算出各执行级 Agent 的控制目标，执行级 Agent 接收控制命令，通过调节电压控制器来维持无功电压设备的端电压，如图 5－11 所示。紧急情况下，相关的执行级 Agent 感知到附近的节点电压出现异常，以自治方式选择快速反应的控制算法，自主调节电压控制设备的整定值，提升现地电压水平，使节点电压迅速恢复。如果由于自身容量的限制，现地的自治控制不能使异常电压完全恢复，则立即向协调级 Agent 发送协助调压请求消息，协调级 Agent 进行协调指挥，根据其他执行级 Agent 的电压控制能力顺次选择其他最有效的控制 Agent 协助完成调压任务。当执行级 Agent 检测到本地或邻近节点电压异常时将以自治方式工作，迅速调节电压控制的整定值，改变控制设备的无功出力，以缓和系统电压下降的趋势，如图 5－12 所示。

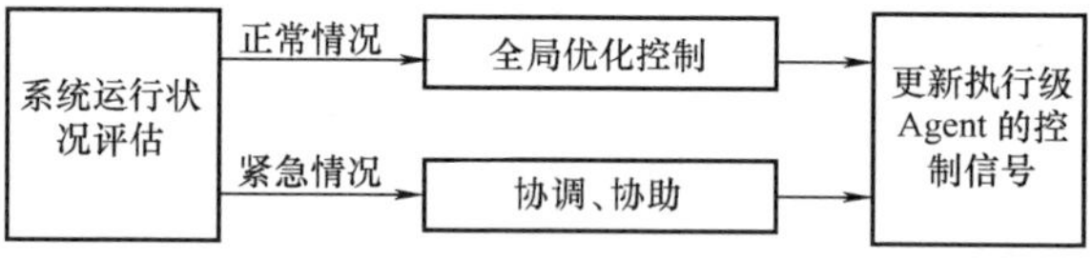

图 5－11　协调级 Agent 的控制策略

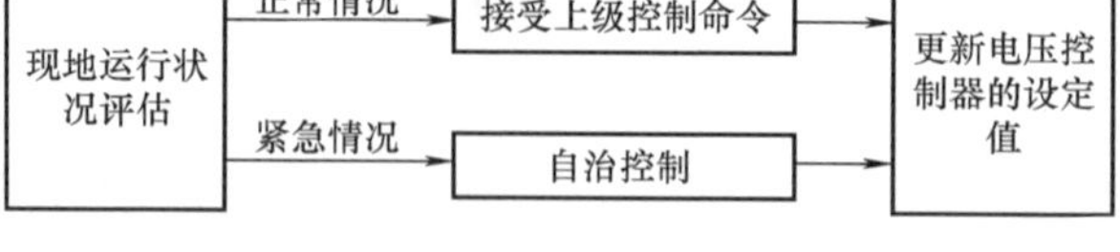

图 5－12　执行级 Agent 的控制策略

以发电机控制为例，现有发电机的励磁控制方式是调节发电机无功出力，使发电机机端电压为设定值。在这种方式下，一旦系统的输电线发生事故，系统电压即使降至电压稳定的临界极限电压，发电机也不能产生达到设备容许量的无功功率。发电机采用电压控制 Agent 自治方式执行时，实际上相当于高压侧控制。在传统励磁控制系统的基础上附加补偿控制，引入对无功电流的补偿，控制输电网高压侧的电压为给定值。如果受控母线的电压预定为 U_{ref}，则发电机端电压 U_g 可控制为

$$U_g = U_{ref} + (X_t - X_{dr}) I_q \tag{5-1}$$

式中：X_t 为升压变压器电抗；X_{dr} 为电压随无功电流变化斜率，$I_q = Q/V_g$。

这时，受控母线的实际电压为 $U = U_{ref} - X_{dr} I_q$，则发电机端电压控制的整定值应控制为 $U_{ref} = U_{g_{obj}}/k + X_{dr} I_q$，其中 k 为变压器变比。

在电压异常的紧急情况下采用自治方式进行控制可以充分利用发电机的无功功率裕度，保持输电系统的送端电压为一定值，从而缓解整个系统电压下降的趋势，提高电压稳定性。

（4）多 Agent 通信协调机制。根据前文所述信息，本文采用点对点请求—响应模式来实现多 Agent 系统的通信协调，其原理图如图 5 - 13 所示[5]。在这种方式下，消息的发出者和接受者都是已知的。当某一执行级 Agent 需要其他 Agent 协助完成任务时，可向微电网协调级 Agent 发出电压调节协助请求。上级 Agent 接受到该请求后根据微电网运行状况选择最优方案，即选择最佳执行级 Agent 来协助电压调节，并向请求 Agent 及协助 Agent 发出相关指令。协助 Agent 接受到指令后判断该指令是否会与自身利益发生冲突，如不发生冲突，则开始执行该指令，协调请求 Agent 完成电压调节任务，向协调级 Agent 返回任务完成信息。由于网络内各节点的状态每时每刻都在发生变

化，在特殊情况下，若协助的执行级 Agent 接受到的指令经判断会危害自身利益，则立即向微电网协调级 Agent 反馈该信息，并由协调级 Agent 重新布置任务。

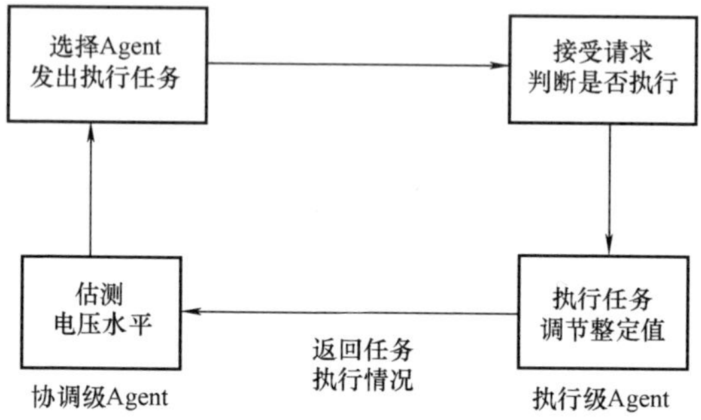

图 5-13　Agent 之间的通信协调方式

基于前面所述，现利用状态转移图来说明多 Agent 之间的通信、协作和协调。以紧急情况下 MAS 的运作过程为例，由图 5-14 可以看出协调级 Agent 有发送请求、检测两种工作状态，并在特殊情况下能够向管理人员提供报警信息；而执行级 Agent 有检测、请求、执行任务三种工作状态。整个 MAS 的工作过程简述如下。

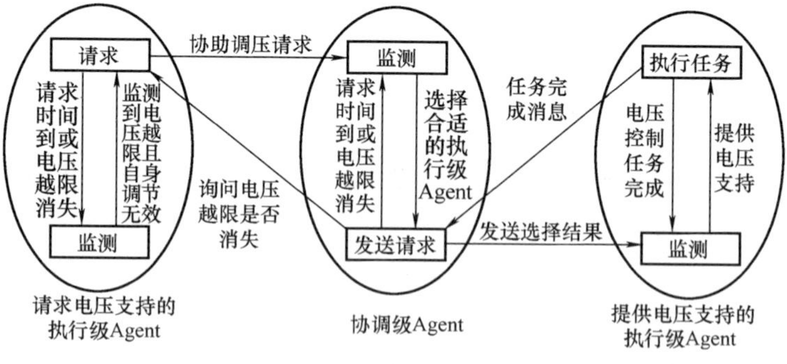

图 5-14　紧急情况下基于多 Agent 的微电网电压控制协调过程

1）正常运行状态下，各个Agent处于监测状态，一级执行Agent监测既定责任范围内的节点电压和线路电压，微电网协调Agent检测系统中未被执行级Agent监测覆盖的重要节点电压。紧急情况下，Agent的状态转移由节点电压越限触发。监测状态是系统的初始状态，也是完成电压紧急控制的终止状态。

2）当某个执行级Agent检测到覆盖范围内某节点电压越限，且通过推算判定无法通过自身调节使越限电压恢复正常时，该Agent向微电网协调Agent发出协助调压请求，并报告电压越限的具体情况，进入请求状态。

3）协调级Agent根据特定的优化算法选择微电网内的某个执行级Agent向其发出协助二级电压控制请求，并进入请求状态。接收到协助调压请求的执行级Agent通过推算，确定协助调压的行为是否会危害自身利益，并向微电网协调级Agent发出确认信息，启动本地二级电压控制，提供相应的电压及无功支持，进入执行状态。

4）提供二级电压支持的执行级Agent在完成调压任务后，由执行状态回到监测状态。

5）请求电压协调支持的执行级Agent实时监控本地电压状态，若越限电压恢复正常，则即时向协调级Agent发出相应确认消息。

6）微电网协调Agent接收到请求电压支持和提供电压支持的各个Agent完成任务的确认消息，返回到监测状态。

7）处于发送请求状态的微电网协调级Agent如果在给定的时间内没有收到提供电压支持的执行级Agent的任务执行信息，则表明紧急情况下的电压越限已无法通过二级电压控制消除，此时，协调级Agent向请求协助调压的执行级Agent发出协助调压失败的消息，并向管理人员发出报警信息，同时返回监测状态。

8）发出协助调压请求的执行级 Agent 在给定的时间内没有接收到协调级 Agent 的确认调压信息，或接收到协助调压失败的信息，则记录本次协助调压请求的全过程信息，保留到数据库中，并返回监测状态。

在上述协调控制过程中，最重要的步骤是微电网协调级 Agent如何选择最合适的执行级 Agent 进行二级电压控制协助，使控制系统以最短的时间和最有效的控制手段完成电压紧急控制任务。

5.2.3　多 Agent 技术应用于微电网即插即用

一、即插即用基本思想

由于微源具有分布式特性，其控制数据海量，控制方式灵活多变等，这使得采用以往由调度中心统一判断、调度的集中式控制方法难以实现微电网灵活、有效的运行[18]。因此有学者提出即插即用理论[19]，即通过一定的控制手段满足微源的随机接入和退出，使之既能满足负荷的需求同时又能减少其对微电网和大电网的影响。

以往对即插即用的研究多是仅从电力电子技术出发，设计微源的控制系统，如文献［20］～［23］。这种单一的控制技术局限比较明显，例如它的控制范围仅限于单个的元件，在微电网正常运行或者波动较小时，能很好地跟踪微电网变化，实现元件的稳定运行；但是在微电网波动较大时，单个元件的自身调节能力已无法支持微电网正常运行。同时由于缺少通信设备，各元件只能各自为战，无法有效调度所有元件共同维护微电网的稳定，有时甚至会因为单个元件的动作而加剧微电网的波动。

而通过将控制权分散到微电网各元件中，由各元件根据微电网的调度自行改变运行状态，同时加强微电网各元件之间的通信和联系，强化彼此间的协作。这种控制思想是解决微电网控制难题，实现即插即用的有效途径[24,25]。为此，本节阐述采用Multi-Agent系统（MAS）构建微电网即插即用的控制系统。

二、基于 MAS 的微电网即插即用模型

目前常见的 MAS 控制系统结构有多种[26~29]，本节设计了一种三层控制系统，其结构如图 5-15 所示。图中包含三种 Agent，即电网 Agent、微电网 Agent 和微电网元件 Agent。电网 Agent 负责电网及微电网协调调度，并综合微电网 Agent 信息作出重大决策；微电网 Agent 对微电网元件 Agent 进行管理，如接收元件 Agent 信息，根据微电网运行状况及调整策略为其提供相应的控制策略；元件 Agent 具有独立运行能力[30]，能够根据获得的信息，自行决策并控制元件的运行，实现即插即用。各个 Agent 之间通过通信，加强彼此之间联系，共同协作，保持微电网的灵活、稳定运行。

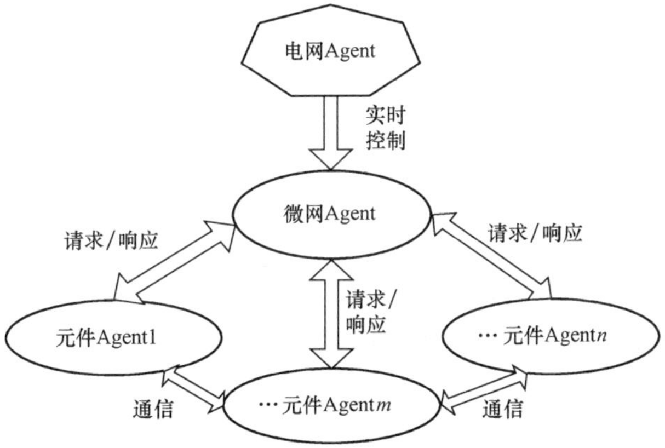

图 5-15　MAS 控制系统结构图

MAS 控制系统中各元件之间、元件和微电网之间、微电网和电网之间的通信方式有直接通信和间接通信两种。直接通信采用点对点、点对面的联邦系统通信与广播通信的直接信息交换方式；间接通信则采用所谓的“黑板”系统，它将所有必要的信息

粘贴在一个叫做“黑板”的全局数据库上，提供给相同等级的 Agent 检索，方便了元件之间的协作。

同时作者设计了一种全新的即插即用模型。它包含三个模块的内容：一是元件 Agent 的自我决策、控制模块，二是元件间以及元件和微电网间的通信与相互协作模块，三是元件的电力电子控制系统，如图 5-16 所示。

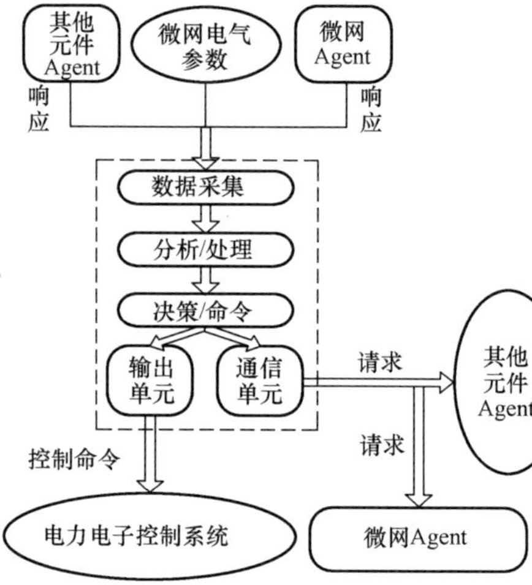

图 5-16　元件即插即用模型图

虚框内的部分代表一个元件 Agent 所具有的基本功能单元。元件 Agent 将采集到的微电网运行数据如电压、频率和负荷功率等以及微电网和其他元件 Agent 的响应信息一起送入到分析/处理单元，并经决策/命令单元作出决策，最终发出命令或请求。控制命令及时作用于电力电子控制系统使元件的输出参数如电压、频率等跟踪微电网变化，保证元件（微源）的输出特性满足要求，实现即插即用功能；同时发出请求信号给其他元件 Agent 和微电网 Agent，告知是否需要彼此协作并通过微电网 Agent 统一调度。

参　考　文　献

[1] 张晔. 基于多 AGENT 系统的二级电压协调控制研究 [D]. 杭州：浙江大学，2007.

[2] 董宏斌，石纯一. 移动 Agent 技术研究 [J]. 计算机科学，2000，27 (4)：35～38.

[3] 李海刚，吴启迪. 多 AGENT 系统研究综述，同济大学学报，2003，31 (6)：728～732.

[4] Kadar B，Monnstori L，Szelke E，An object - oriented framework for developing distributed manufacturing architecture [J]. Journal of Intelligent Manu - facturing，1998，9 (2)：173～179.

[5] 蒋云良，徐从富，智能 AGENT 与多 AGENT 系统研究，计算机应用研究，2003，04 (11)：31～34.

[6] Tsai R，Chen J L. Design of a Distributed Problem - Solving System for Short - Term Load Forecasting. In：Proc of the 35th Midwest Symposium on Circuits and Systems，1992：395～399.

[7] Lekkas G P，Avouris N M，Papakonstantinou G K. Development of Distributed Problem Solving Systems for Dynamic Environments. IEEE Trans on Systems，Man and Cybernetics，1995，25 (3)：400～414.

[8] Talukdar S，Ramesh V C. A Multi - Agent Technique for Contingency Constrained Optimal Power Flows. IEEE Transon Power Systems，1994，9 (2)：855～861.

[9] Wong S K，Kalam A. Development of a Power Protection System Using an Agent Based Architecture. In：Proc of International Conference on Energy Management and Power Delivery，1995：433～438.

[10] Wong S K，Kalam A. Distributed Intelligent Power System Protection Using Case Based and Object Oriented Paradigms. In：Proc of International Conference on Intelligent Systems Applications to Power

Systems，1996：74～78.

［11］ Lam Y C，Wu F F. Simulating Electricity Markets with Java. In：Power Engineering Society W inter Meeting. 1999：406～410.

［12］ Lasseter R H. Microgrids［C］//2002 IEEE Power Engineering Society W inter Meeting. New York，U SA：2002.

［13］ Liu H，Yuan B，Dai H，etal. Frame work Design of a General - Purpose Power Market Simulator Based on Multi - Agent Technology. In：IEEE PES 2001 Summer Meeting，2001.

［14］ 刘红进，袁斌，戴宏伟，祁达才，焦连伟，倪以信，吴复立. 多代理系统及其在电力系统中的应用［J］，电力系统自动化，2001，19：45～52.

［15］ 蔡雄. 基于多智能体的二级电压控制系统［D］. 广州：广东工业大学，2005.

［16］ 章健，艾芊，王新刚，多代理系统在微电网中的应用［J］. 电力系统自动化，2008，32（24）：80～82，87.

［17］ 陈策，刘俊勇. 基于多 Agent 的地区电压无功控制［J］. 四川电力技术，2006，29（2）：5～9.

［18］ 王成山，余旭阳. 基于 Multi - Agent 系统的分布式协调紧急控制［J］. 电网技术，2004，28（3）：1～5.

［19］ 鲁宗相，王彩霞，闵勇，等. 微电网研究综述［J］. 电力系统自动化，2007，31（19）：100～107.

［20］ S Wijinbergen，SWH de，JG Slootweg Plug 'n' Play Interfrace Renewewable Generators Participation in Grid Voltage and Ferequency Control. IEEE Africon，2002.

［21］ P. J. Binduhewa，A. C. Renfrew，M. Barnes MicroGrid Power Electronics Interface for Photovoltaics. School of Electrical and Electronic Engineering，The University of Manchester.

［22］ P. J. Binduhewa，A. C. Renfrew，M. Barnes Ultracapacitor Energy Storage for MicroGrid Micro - generation. School of Electrical and Electronic Engineering，The University of Manchester.

[23] U. Abdulwahid, J. F. Manwell, J. G. McGowan Development of a dynamic control communication System for hybrid power systems. IET Renew. Power Gener, 2007, 1 (1): 70～80.
[24] 杨旭升，盛万兴，王孙安．多 Agent 电网运行决策支持系统体系结构研究 [J]. 电力系统自动化，32 (24): 44～49.
[25] 罗凯明，李兴源．基于多代理技术的不间断电力变电站设计方案 [J]. 电网技术，2004，28 (22): 1～5.
[26] 刘伟达，孟建良，庞春江，蔡媛媛．多 Agent 在电力系统中的应用 [J]. 电气时代，2004，8: 72～74.
[27] A. L. Dimeas, N. D. Hatziargyriou. A MAS architecture for Micro-grids control [J]. ISAP 2005.
[28] 盛戈皞，涂光瑜，罗毅，邬炜．基于多 Agent 的二级电压控制系统 [J]. 电力系统自动化，2002，20～25.
[29] A. L. Dimeas, N. D. Hatziargyriou. Agent based control of Virtual Power Plants [J]. National Technical University of Athens Greece.

微电网保护技术

6.1 微电网保护概述

6.1.1 分布式电源接入对传统保护的影响

分布式发电作为一种新兴的、高效环保的发电技术，近年来获得了迅速发展。然而，大量分布式发电的并网运行将深刻影响配电网络的结构及配电网中短路电流大小及分布，由此给配电网的运行、控制以及继电保护工作带来多方面的影响。针对分布式电源（DG）对配电网继电保护的影响以及含分布式电源的配网（微电网）的保护设计研究，正得到国内外学者们越来越多的关注。

参考文献［1］简要介绍了分布式电源的概念、分类及特点，并从配电网规划、电能质量、网络损耗、系统保护、电网可靠性等方面分析讨论了并网分布式电源对电力系统的影响；参考文献［2］详细分析了分布式发电对配网保护的影响及准入容量的计算；参考文献［3］参考国外的并网规则，论述了 DG 并网运行的基本技术和运行参数的相关要求，并且提出我国制定并网规则应该遵循的方向；参考文献［4］提出了一种新的考虑 DG 的故障恢复策略，对含有 DG 的配电网潮流计算，采用改进的前推回代法进行处理，最后给出了考虑 DG 的配电网故障恢复步骤并进行了实例仿真；参考文献［5］的研究表明：分布式电源的容量越大对继电保护的影响就越大，分布式电源在保护上游产生助增作用使得保护范围增大，在保护下游产生分流作用使得保护范围减小；参考文献［6］则详细分析了不同重合闸方式下，分布式电源的接入对配电系统保护协调性所产生的各种可能的影响，给出了各种情况下消除分布式电源的接入对配电网保护设备影响的判断条件；参考文献［7］通过计算机仿真和数值分析方法研究了基于逆变器的微电网的故障特征，定性电量分析故障状态下微电网的动态特性，为设计合适的故障检测策略提供一种手段；参考文献［8］提出了一种可靠快速的检测微电网内部多种故障的方法，并给出了分析和仿真结果；参考文献［9］指出对于针对微电网的保护不能基于检测故障电流，提出了一种新的基于检测发电机末端电压扰动的方法来保护发电机和电网；参考文献［10］指出微电网独立运行时的故障电流幅值太小不足以应用传统的过电流保护技术，提出根据零序电流和负序电流幅值设定整定值的保护策略；参考文献［11］提出将方向性过电流保护应用于微电网保护中，对继电保护装置的协调控制问题建立起模型并用粒子群算法进行了求解；参考文献［12］提出了微电网面临的两个问题：电压/频率控制和保护问题，文中提出了孤网运行模式下的电压和频率的控制策略，并提出孤网和并网两种模式下的保护策略。

配电网的特点是呈辐射形，并由单侧电源供电，配电网的继电保护是以此为基础设计的。当分布式电源接入配电网后，配电网的结构将发生改变，在配电网发生故障时，除了系统向故障点提供故障电流外，分布式电源也将对故障点提供故障电流，这样便改变了配电网的节点短路水平。分布式电源的类型、安装位置和容量等因素都将对配电网的继电保护的正常运行造成影响。

分布式发电设备接入电网后，给配电网系统带来的影响可概述如下：

（1）DG 降低了所在线路保护的灵敏度。如图 6－1 所示，DG 接在线路末端时，在分布式电源容量一定的情况下，当 DG 下游出现故障时，虽然流经故障点的故障电流仍然增大，但是由于分布式电源的分流作用，使得流过 R1 的故障电流要小于相同故障情况下未接入分布式电源时流过 R1 的故障电流，因此减小了线路保护检测到的故障电流值，降低了保护的灵敏度，有可能造成保护的拒动。

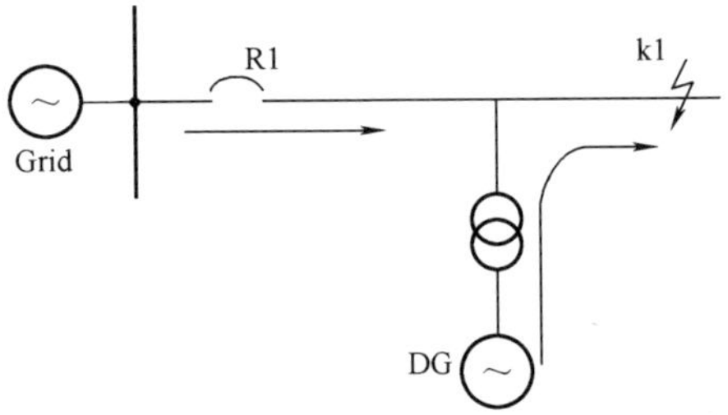

图 6－1　DG 下游线路故障对保护的影响

（2）相邻线路故障时，DG 引起所在线路保护误动作。配电网是单侧电源供电，因此配电网的继电保护没有方向元件。在接入分布式电源之后，配电网络某些部分将变为双侧电源供电。在分布式电源节点上游线路发生故障时，由 DG 提供的故障电流是从负荷侧流向系统侧。这意味着在保护装置下游接有分布式电源时，无论是在保护的下游还是上游发生故障时，都有故障电流流过保护装置，而由于它没有方向元件，一旦故障电流超过整定值，保护都将动作而失去选择性。如图 6－2 所示，当故障发生在母线（k1）或者相邻线路（k2）处时，在分布式电源容量一定的情况下，分布式电源将向故障点提供短路电流，R2 将有反向故障电流流过，若反向电流足够大，R2 处保护可能误动，使分布式电源所在线路无故障跳闸。显然，故障越接近母线，分布式电源与系统母线电气距离越近，反向故障电流越大。

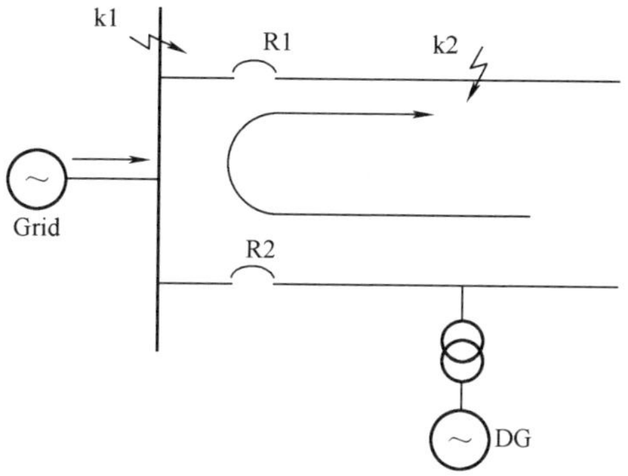

图 6-2 相邻线路故障时，DG 所在线路的保护误动

（3）分布式电源对重合闸的影响。为了保证在线路发生瞬时故障时，系统能够快速恢复正常供电，保护装置通常设有重合闸功能。但是当引入 DG 之后，线路两侧连接的是两个独立电源，重合闸动作前，必须保证 DG 已停止运行或者已从配网中切除。否则，重合闸装置重合时，故障点由于去游离时间不足，电弧可能重燃，使得重合闸不成功。因此，系统侧宜延长重合闸时限，DG 侧需装设低周、低压解列装置等来消除对重合闸的影响。某些情况下，当线路发生故障被继电保护跳开后，大电源和分布式电源之间的电动势角摆开，有可能使两侧电源间失去同步，为此，重合闸时，对后合闸一侧的断路器应考虑两侧电源是否同步，以及是否允许非同步合闸的问题。

（4）对保护范围的影响。在不改变分布式电源容量的情况下，与不接分布式电源相比，对于同一故障点，分布式电源下游保护流经的故障电流增大，上游保护流经的故障电流减小，这将使下游保护的保护范围增大，而上游保护（线路的远后备保护）的保护范围减小。如图 6-3 所示，在不改变分布式电源接入位置的情况下，在 B 点故障时，随着分布式电源容量的增加，分布式电源注入故障点的电流逐渐增大，流过 R2 的故障电流也逐渐增大，伸入下一段保护的范围也增大；另一方面，由于分布式电源的分流作用，流经 R1 的故障电流却是逐渐减小的，对于限时速断保护而言，它的保护范围可能会达不到全线。

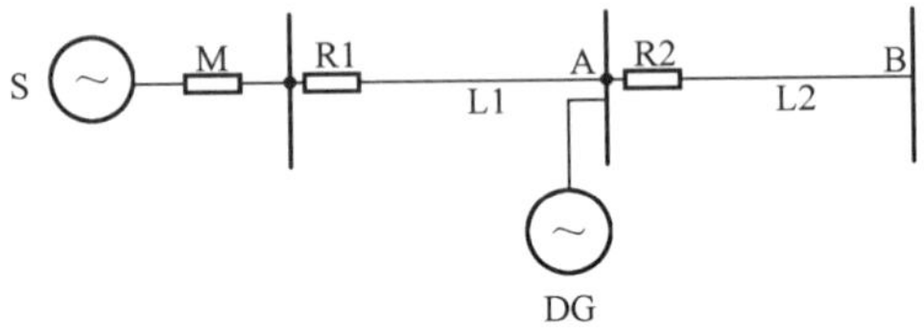

图 6-3　分布式电源对保护范围的影响

6.1.2　微电网并网运行时的过电流保护和方向保护

国内外研究表明：正常情况下，微电网与上级配电网并网运行，当发生故障时，故障电流仍然是主要由大电网提供，其值依然相对较大，微电网内部保护可按传统电流保护方法来设计。

在接入分布式电源之后，配电网络某些部分将变为双侧电源供电。下面将对双侧电源供电线路适用的电流速断保护、限时电流速断保护以及方向性电流保护作详细论述。

一、电流速断保护

接入 DG 后类似于双侧电源的配电线路上的电流速断保护，可用类似于传统电流速断保护的分析，画出线路上各点短路电流的分布曲线，如图 6-4 所示，其中曲线 1 为由电源 E_{I} 供给的电流，曲线②为由 E_{II}供给的电流，由于两端电源容量不同，因此电流的大小也不同。

当任一侧区外相邻线路出口处，如图中的 k1 点和 k2 点短路时，短路电流 I_{k1} 和 I_{k2} 要同时流过两侧的保护 1 和 2，此时按照选择性的要求，两个保护均不应动作，因此两个保护的启动电流应选得相同，并按照较大的一个短路电流进行整定，例如当 $I_{k2\cdot\max} > I_{k1\cdot\max}$ 时，则应取 $I'_{dz\cdot1} = I'_{dz\cdot2} = K'_{k} I_{d2\cdot\max}$ 其中，$I'_{dz\cdot1}$、$I'_{dz\cdot2}$ 为保护 1、2 启动电流的整定值，K'_{k} 为可靠系数，

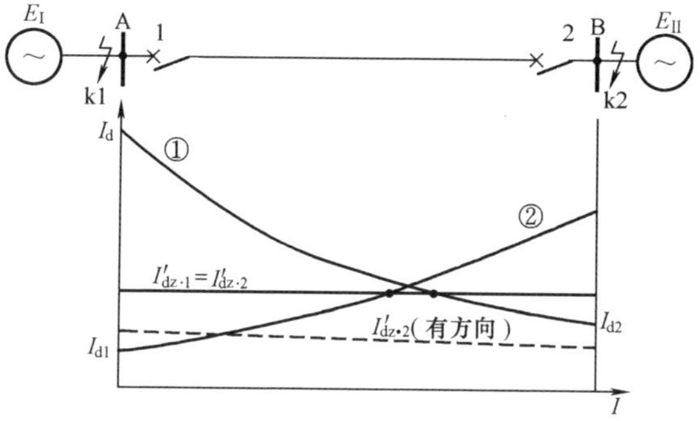

图 6-4　双侧、电源线路上电流速断保护的整定

$K'_k=1.2\sim1.3$。这样整定的结果，将使位于小电源侧保护 2 的保护范围缩小。两端电源容量的差别越大，对保护 2 的影响就越大。

为了解决这个问题，就需要在保护 2 处装设方向元件，使其只当电流从母线流向被保护线路时才动作，这样保护 2 的启动电流就可以按照躲开 k1 点短路来整定。选择 $I'_{kz\cdot2}=K'_kI_{k1\cdot max}$。

图 6-4 中的虚线所示，其保护范围较前增加了很多。必须指出，在上述情况下，保护 1 处无需装设方向元件，因为它从定值上已经可靠地躲开了反向短路时流过保护的最大电流 $I_{k1\cdot max}$。

二、限时电流速断保护

应用于双侧电源网络中的限时电流速断保护，应与下一级保护的电流速断相配合，但需考虑保护安装点与短路点之间接入分布电源后的影响。这种使故障线路电流增大的现象，称为助增。有助增以后的短路电流分布曲线也示于图 6-5 中。

此时保护 1 电流速断的整定值仍按躲开相邻线路出口短路整定为 $I'_{dz\cdot1}$，其保护范围末端位于 M 点。在此情况下，流过保护 2 的电流为 $I_{AB\cdot M}$，其值小于 $I_{BC\cdot M}$（$=I'_{dz\cdot1}$），因此保护 2 限时电流速断的整定值应为

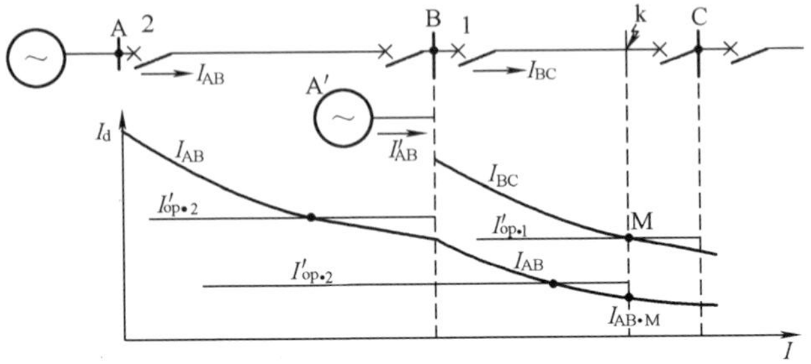

图 6-5　有助增电流时，限时电流速断保护的整定

$$I''_{kz\cdot 2}=K'_{k}I_{AB\cdot M} \tag{6-1}$$

引入分支系数 K_{bra}，其定义为 K_{bra}=故障线路流过的短路电流/前一级保护所在线路上流过的短路电流

在图 6-5 中，整定配合点 M 处的分支系数为

$$K_{bra}=\frac{I_{BC\cdot M}}{I_{AB\cdot M}}=\frac{I'_{op\cdot 1}}{I_{AB\cdot M}} \tag{6-2}$$

代入式（6-1），则得

$$I''_{op\cdot 2}=\frac{K''_{k}}{K_{fz}}I'_{op\cdot 1} \tag{6-3}$$

与未接入分布式电源的整定公式相比，在分母上多了一个大于 1 的分支系数的影响。

三、方向性电流保护与功率方向继电器

如前所述，分布式电源接入配电网系统后会出现保护选择性和可靠性得不到满足的情况。对误动作的保护进行分析可知，误动作的原因是由大电源一侧或分布电源一侧供给的短路电流引起的。此时误动作保护的实际短路功率方向是由线路流向母线。因此，为了消除双侧电源或多侧电源中三段式电流保护的无选择动作，需要在可能误动作的保护上增设一个功率方向闭锁元件。该元件应能实现如下功能：短路电流方向由母线流向线路时动作，开放电流保护；而当短路电流方向由线路流向母线时不动作，闭

锁电流保护。按照上述原理构成的保护就是方向性电流保护，每个保护的规定动作方向（也称为规定正方向）都是指短路功率（或短路电流）由母线流向线路的方向，如图 6－6 所示。

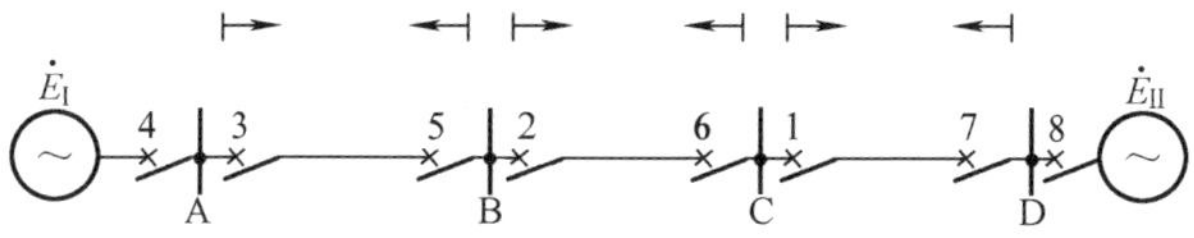

图 6－6　双侧电源网络接线及保护动作方向的规定

方向过电流保护的单相原理接线图如图 6－7 所示，主要由方向元件（即功率方向继电器）、电流元件（即电流继电器）和时间元件（即时间继电器）组成。方向元件和电流元件必须都动作以后，才能去启动时间元件，再经过预定的延时动作后动作于跳闸。为了简化接线，同一断路器对应的三段保护可共用一个方向元件。

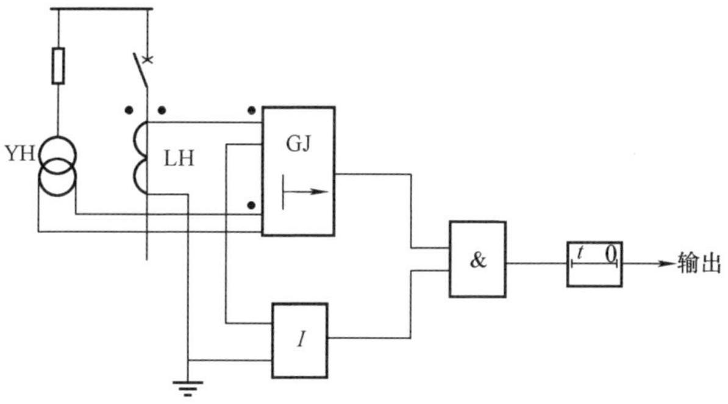

图 6－7　方向过电流保护的单相原理接线图

故障的方向可以利用短路功率的方向判断，而短路功率的方向又取决于保护安装处电流、电压之间的相位关系。因此，功率方向继电器的基本原理就是反应于加入继电器中电流和电压的相位而动作。研究表明，用于反应相间短路的功率方向继电器在加入其上电压超前电流的夹角为 φ_d（φ_d 为规定正方向上从母线至故障点之间的线路阻抗角）时应该动作，而电压超前电流的夹角为 $180°+\varphi_d$ 时不应动作。因此，利用判别短路功率的方向或电流、电压之间的相位关系，就可以判别发生故障的方向。用以判别功率方向或测定电流、电压间相位角的继电器称为功率方向继电器。由于它主要反应于加入继电器中电流和电压之间的相位而工作，因此用相位比较方式来实现最为简单。

对继电保护中方向继电器的基本要求为以下两点。

（1）应具有明确的方向性，即在正方向发生各种故障（包括故障点有过渡电阻的情况）时，能可靠动作；而在反方向故障时，可靠不动作。

（2）故障时继电器的动作有足够的灵敏度。一般的功率方向继电器当输入电压和电流的幅值不变时，其输出（转矩或电压）值随两者间相位差的大小而改变，输出为最大时的相位差称为继电器的最大灵敏角。为了在最常见的短路情况下使继电器动作最灵敏，采用上述接线的功率方向继电器应做成最大灵敏角 $\varphi_{lm}=\varphi_d=60°$。又为了保证正方向故障，而 φ_d 在 $0°\sim90°$范围内变化时，继电器都能可靠动作，继电器动作的角度范围通常取为$\varphi_{lm}\pm90°$。

6.1.3 微电网孤网运行时的保护策略

微电网通常可以工作在孤网运行模式和并网运行模式，微电网的保护装置应该能处理两种模式下的各种类型的故障。当微电网系统内部包含使用固态换流器将直流转换成交流的微型电源（如光伏电池、燃料电池等）或基于逆变器的微型电源时，这对微电网系统的保护是个挑战。当微电网进入孤网运行状态时，故障电流仅由微型电源提供，因为固态换流器或逆变器的存在，故障电流值相对较小，不足以让按传统过电流整定的保护装置动作。

针对上述问题，国外学者提出不同的解决方法。参考文献［14］使用傅里叶变换（FFT）和总谐波畸变率（THD）方法，针对逆变器输出电压的谐波含量，提出适用于微电网特定保护区域内、外部的保护策略；参考文献［8］提出适用于含电力电子接口的微电网的故障快速检测方法，其主要原理就是通过检测微型电源输出电压的扰动情况，判断是否出现故障，并区别是何类型的故障。下面详细论述这种方法。

首先，使用标准电压互感器检测三相端电压，继电器将加入的abc三相静止坐标系下的分量转换成dq两相旋转坐标系下的分量，转换公式为

$$\begin{bmatrix} U_{ds} \\ U_{qs} \\ U_0 \end{bmatrix} = \frac{2}{3}\begin{bmatrix} 1 & -\frac{1}{2} & -\frac{1}{2} \\ 0 & -\frac{\sqrt{3}}{2} & \frac{\sqrt{3}}{2} \\ \frac{1}{2} & \frac{1}{2} & \frac{1}{2} \end{bmatrix}\begin{bmatrix} U_a \\ U_b \\ U_c \end{bmatrix} \tag{6-4}$$

$$\begin{bmatrix} U_{dr} \\ U_{qr} \end{bmatrix} = \begin{bmatrix} \cos(\omega t) & -\sin(\omega t) \\ \sin(\omega t) & \cos(\omega t) \end{bmatrix}\begin{bmatrix} U_{ds} \\ U_{qs} \end{bmatrix} \tag{6-5}$$

通过观察U_{qr}信号的扰动来检测故障。该信号将与一个周期性更新的参考信号U_{qref}相比较，得到扰动电压U_{DIST}，U_{DIST}经过过滤，确保该扰动电压并不是因为测量系统的噪声引起的毛刺。过滤后的U_{DIST}信号送入两重迟滞比较器，其上下限决定了故障检测的灵敏度。扰动电动U_{DIST}的计算公式为

$$U_{DIST} = U_{error,q} = U_{qref} - U_{qr} \tag{6-6}$$

正常情况下，U_{DIST}为0或者接近为0。在一般系统中，换流器的端电压都会有些变化，这可以由不断更新的U_{qref}自动适应。在故障状态下，U_{DIST}会有相当大的变化，而且这种变化会随故障类型的不同而产生很大的不同。对于三相故障，U_{DIST}为一个稳定的直流信号；对于两相故障，U_{DIST}由一个直流电压和摆动

信号组成；对于单相接地故障，U_{DIST} 为一个从 0 变换到最大值的摆动信号。上述两处的摆动信号的频率都是系统频率的 2 倍。这些特性可以用来区别不同类型的故障。

通过对微电网系统各种情况下（包括正常情况和各种类型故障情况）的运行仿真，得出各种运行情况下的 U_{DIST} 的门槛电压值，通过实际系统中 U_{DIST} 的值与门槛电压值的比较，就能检测是否有故障发生以及发生的是何种类型的故障。因此，U_{DIST} 信号可以用来检测扰动开始和结束的时间，并表明不同故障的类型，具体保护策略流程如图 6-8 所示。

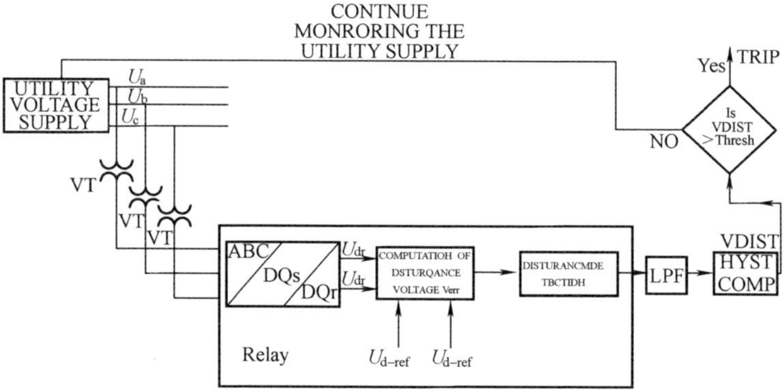

图 6-8　基于电压扰动的保护策略流程图

6.2　短路故障分析

参考文献［10］指出部分微型电源是基于逆变器构建的，流经逆变器的故障电流被硅装置限制在额定电流的 2 倍左右，这就造成孤网运行模式下的故障电流幅值太小不足以应用传统的过电流保护技术。适用于微电网系统的保护要求在孤网和并网两种模式下保护策略是相同的。静态开关在任何故障时都应打开。静态开关打开后，微电网进入孤网运行状态，内部故障需要通过不依靠高故障电流值的技术来清除。参考文献［10］中对一个微电网系统进行了仿真模拟，得出的结论是：对于单相接地故障，可用零序电流作为保护装置启动整定值；对于相间短路故障，可用负序电流值作为动作整定值。这里涉及用对称分量法对系统各种类型故障的分析，将在本节详细论述。

6.2.1　线路故障

输电线路的故障，大都是“瞬时性”的故障，例如，由雷电引起的绝缘子表面闪络，大风引起的短时碰线，通过鸟类或树枝等物掉落在导线上引起的短路，等等。在线路被继电保护迅速动作控制断路器跳闸后，故障点的绝缘平衡可自行恢复，故障随即消失。此时，如果把跳闸的线路断路器重新合上，就能够恢复正常的供电。另外也有“永久性故障”，例如，由于线路倒杆、断线、绝缘子击穿或损坏等引起的故障，在线路被断开之后，它们依然是存在的。如表 6－1 所示，在输电线路故障中，常见的几种故障类型包括：

表 6－1　　线路故障类型

短路种类	示　意　图	符号	短路种类	示　意　图	符号
三相短路		k（3）	两相短路		k（2）
单相短路接地	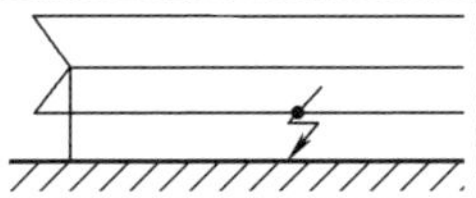	k（1）	两相短路接地	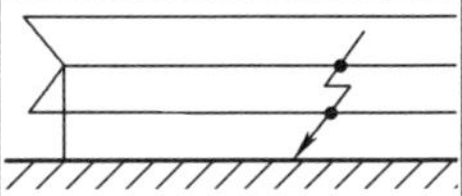	k(1,1)

（1）单相接地短路。单相接地短路是最常见的故障，约占全部故障的 80％以上。对于中性点直接接地系统，发生单相接地时，要求迅速切除故障点。对于中性点不接地或中性点经消弧线圈接地的系统，发生单相接地时，允许短时间带电运行，但要求尽快寻找接地点，将接地部分退出运行并进行处理。

（2）两相接地短路。两相接地短路一般不会超过全部故障几率的10%。在中性点直接接地系统中，这种故障多在同一地点发生；在中性点非直接接地系统中，常见情况是先发生一点接地，而后其他两相对地电压升高，在绝缘薄弱处形成第二接地点，此两点多数不在同一点。

（3）两相短路及三相短路。两相短路及三相短路相对较少，一般不超过全部故障几率的5%，但这种故障比较严重，故障发生后要求更迅速地切除。

6.2.2 对称分量法

对称分量法是用于线性系统的坐标变换法。其基本原理是，一组三相不平衡的电流和电压可以分解为三组三相平衡的电流和电压的叠加，分别称为正序、负序和零序分量。把每组平衡的电流和电压分别作用在由对称元件组成的电网上时，可以分别用单相电路来研究。最后再将各组的电流和电压的结果叠加，就可以得到全系统的三相不平衡电流和电压值。由此可见，对称分量法的便利性依赖于三相对称元件的单相表示。它将不对称多相系统（后面均以三相系统为代表）以同等待定变量的三个三相系统代替，其变换式为

$$F_{A1}=\frac{1}{3}(F_A+\alpha F_B+\alpha^2F_C) \tag{6-7a}$$

$$F_{A2}=\frac{1}{3}(F_A+\alpha^2F_B+\alpha F_C) \tag{6-7b}$$

$$F_{A0}=\frac{1}{3}(F_A+F_B+F_C) \tag{6-7c}$$

这三个基本变换式看起来是数学变换式，但它们具有明确的物理含义。式中$\alpha=e^{j120°}$，将有关相量进行移相后，相加以消除各相量中需消去的分量，保留所定义的分量。用对称分量法表示被分析的系统时，各序网是相互独立的，但各序网也是有关联的，因为它们综合起来代表实际系统。它们之间联系的关系是由

系统特定的条件所确定的。对于不对称短路，就由故障点临界条件来确定。

图 6－9 所示为分析三相系统不对称运行的独立序网。除正序网外，均是无源的。将表征系统特定运行状态的临界条件引入后，各序网就可按一定规律互联，称为复合序网。

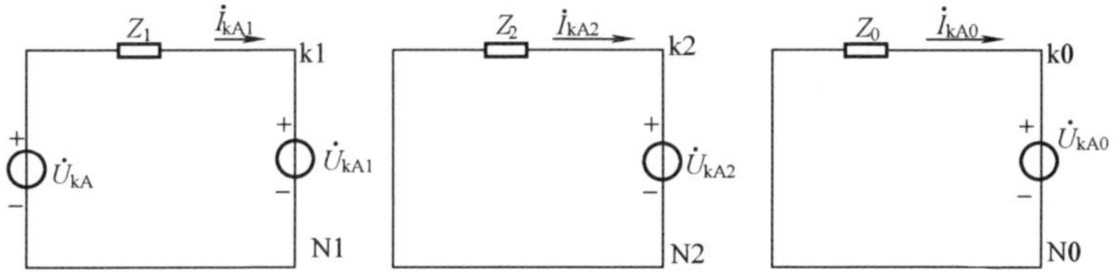

图 6－9　正序、负序、零序网络

6.2.3　三相短路故障分析

一、边界条件与特殊相

图 6－10 示出了 k 点金属性三相短路的情况（可接地，也可不接地），在 k 点将系统分割成两个部分。写出 k 点金属性三相短路的边界条件为

$$\begin{cases} \dot{U}_{kA}=0 \\ \dot{U}_{kB}=0 \\ \dot{U}_{kC}=0 \end{cases} \tag{6-8}$$

因三相处在相同的情况，故任一相均可取特殊相（基准相），一般取 A 相。

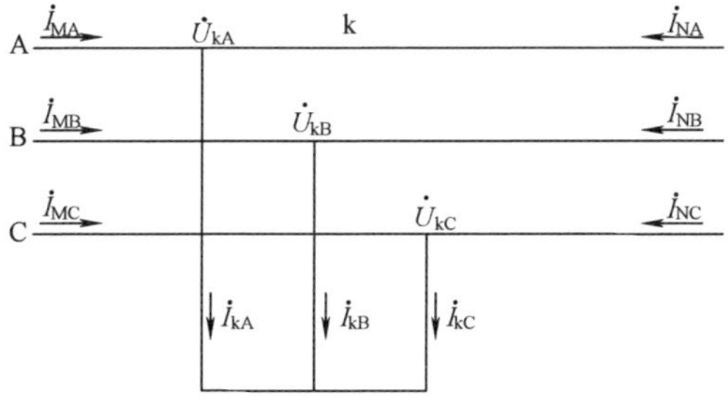

图 6－10　k 点发生三相短路故障

二、复合序网

由式（6-8）可得故障点各序分量电压为

$$\dot{U}_{kA1}=\dot{U}_{kA2}=\dot{U}_{kA0}=0$$

其中标号1、2、0分别代表正序、负序和零序。于是，图6-9中的k1和N1、k2和N2、k0和N0短接，即复合序网就是正序网络。显然，$\dot{I}_{kA2}=0$、$\dot{I}_{kA0}=0$，即三相对称短路没有负序电流和零序电流，自然也没有负序电压和零序电压。

故障点的正序电流就是三相短路电流，即

$$\dot{I}_{kA}=\dot{I}_{kA1}=\frac{\dot{E}_A}{Z_1} \tag{6-9}$$

6.2.4 两相短路故障分析

一、边界条件与特殊相

图6-11示出了k点BC相金属性短路故障，边界条件为

$$\begin{cases}\dot{I}_{kA}=0\\ \dot{I}_{kB}+\dot{I}_{kC}=0\\ \dot{U}_{kB}=\dot{U}_{kC}\end{cases} \tag{6-10}$$

特殊相是A相。当然，CA相短路时特殊相是B相，AB相短路时特殊相是C相。特殊相是非故障相。

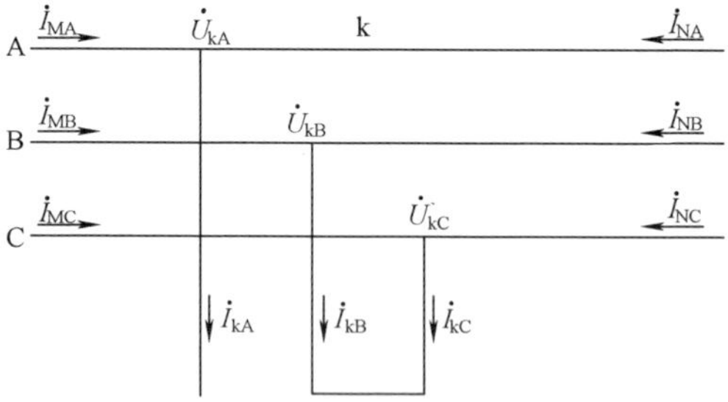

图6-11　k点BC相发生金属性短路故障

二、复合序网

应用对称分量法，由式（6-10）得到A相各序分量电流为

$$\begin{cases}\dot{I}_{kA0}=\dfrac{1}{3}(\dot{I}_{kA}+\dot{I}_{kB}+\dot{I}_{kC})=0\\ \dot{I}_{kA1}=\dfrac{1}{3}(\dot{I}_{kA}+\alpha\dot{I}_{kB}+\alpha^2\dot{I}_{kC})=\mathrm{j}\dfrac{\dot{I}_{kB}}{\sqrt{3}}\\ \dot{I}_{kA2}=\dfrac{1}{3}(\dot{I}_{kA}+\alpha^2\dot{I}_{kB}+\alpha\dot{I}_{kC})=-\mathrm{j}\dfrac{\dot{I}_{kB}}{\sqrt{3}}\end{cases} \tag{6-11}$$

所以，$\dot{I}_{kA1}+\dot{I}_{kA2}=0$。同样，由式（6－10）得到故障点电压的序分量为

$$\begin{cases}\dot{U}_{kA1}=\dfrac{1}{3}(\dot{U}_{kA}+\alpha\dot{U}_{kB}+\alpha^2\dot{U}_{kC})=\dfrac{1}{3}(\dot{U}_{kA}-\dot{U}_{kB})\\ \dot{U}_{kA2}=\dfrac{1}{3}(\dot{U}_{kA}+\alpha^2\dot{U}_{kB}+\alpha\dot{U}_{kC})=\dfrac{1}{3}(\dot{U}_{kA}-\dot{U}_{kB})\end{cases} \tag{6-12}$$

所以有

$$\dot{U}_{kA1}=\dot{U}_{kA2} \tag{6-13}$$

于是，以序分量表示的 BC 相短路的边界条件为

$$\begin{cases}\dot{I}_{kA0}=0\\ \dot{I}_{kA1}+\dot{I}_{kA2}=0\\ \dot{U}_{kA1}=\dot{U}_{kA2}\end{cases} \tag{6-14}$$

在中性点接地系统中，因为 Z_0 为有限值，所以 $\dot{U}_{kA0}=-\dot{I}_{kA0}Z_0=0$，即两相短路时不存在电压和电流的零序分量。另外，BC 相短路的特殊相为 A 相，故障点的特殊相的序电流、序电压才有式（6－14）的关系，B 相和 C 相的序电流、序电压就没有这个关系。当然，AC 相短路时的 B 相（特殊相）、AB 相短路时的 C 相（特殊相），其故障点序电流、序电压同样有这一关系。

由式（6－14）作出 BC 相短路故障的复合序网（指特殊相的）如图 6－12 所示，故障点的正序网络和负序网络并联，而零序网络开路。

由图 6－12 示出的复合序网，可求得 $\dot{I}_{kA1}=\dfrac{\dot{U}_{kA}}{Z_1+Z_2}$，计及

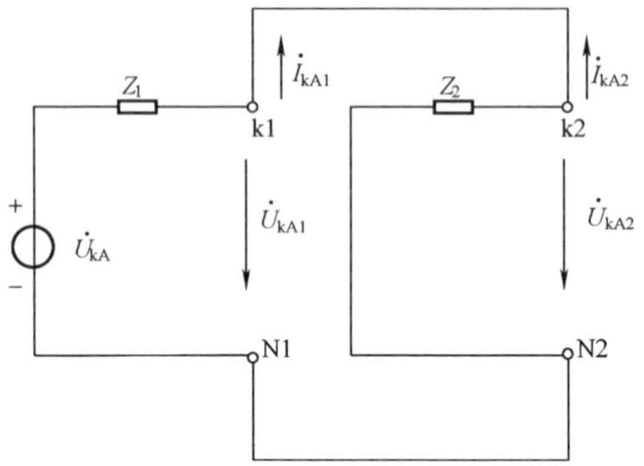

图 6 - 12 BC 相短路故障时的复合序网

式（6 - 14)得到故障电流为

$$\dot{I}_{kB} = -\dot{I}_{kC} = \alpha^2\dot{I}_{kA1} + \alpha\dot{I}_{kA2} = (\alpha^2 - \alpha)\dot{I}_{kA1} = \frac{-j\sqrt{3}\dot{U}_{kA}}{Z_1 + Z_2}$$

6.2.5 单相接地短路故障分析

一、边界条件与特殊相

图 6 - 13 示出了 k 点 A 相金属性接地故障，边界条件为

$$\begin{cases} \dot{I}_{kB} = 0 \\ \dot{I}_{kC} = 0 \\ \dot{U}_{kA} = 0 \end{cases} \tag{6-15}$$

特殊相是 A 相，B 相接地时特殊相是 B 相，C 相接地时特殊相是 C 相。特殊相是故障相。

二、复合序网

应用对称分量法，将式（6 - 15）用特殊相序分量表示时，可得到

$$\begin{cases} \dot{I}_{kA1} = \dot{I}_{kA2} = \dot{I}_{kA0} = \dfrac{1}{3}\dot{I}_{kA} \\ \dot{U}_{kA1} + \dot{U}_{kA2} + \dot{U}_{kA0} = 0 \end{cases} \tag{6-16}$$

由于 $\dot{I}_{kA1} = \dot{I}_{kA2} = \dot{I}_{kA0}$，所以故障点特殊相的正序、负序、零序网络串联；又由于 $\dot{U}_{kA1} + \dot{U}_{kA2} + \dot{U}_{kA0} = 0$，故三个序网络串

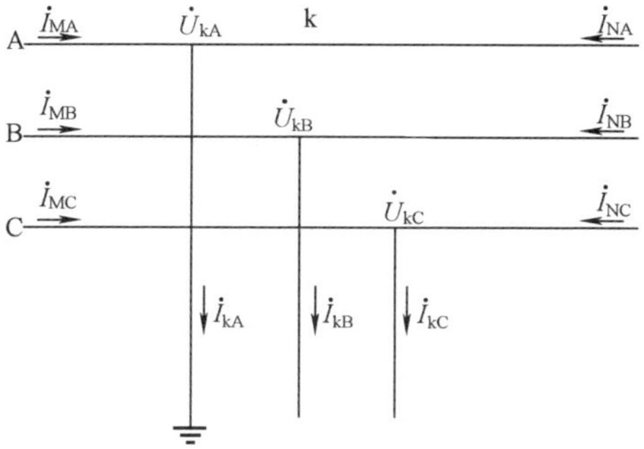

图 6 - 13 k 点发生 A 相金属性接地故障

联后应短接。作出 A 相 k 点接地时的复合序网如图 6 - 14 所示。再次指出，复合序网指的是特殊相，非特殊相的各序网络不能这样连接，因为序分量间没有式（6 - 16）所示的关系。

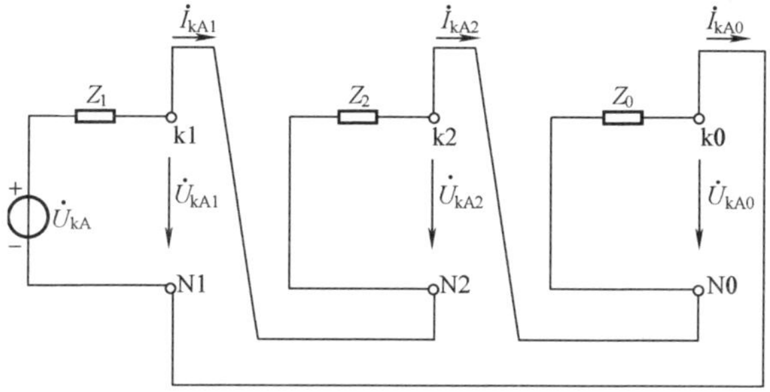

图 6 - 14 k 点 A 相接地时的复合序网

由图 6 - 14 所示的复合序网可见，单相接地时会出现零序分量电流、电压。由式（6 - 16）可见，单相接地电流等于故障支路正序（或负序、或零序）电流的 3 倍，即

$$\dot{I}_{kA1}=\dot{I}_{kA2}=\dot{I}_{kA0}=\frac{1}{3}\dot{I}_{kA}=\frac{\dot{U}_{kA}}{Z_1+Z_2+Z_0} \quad (6-17)$$

6.2.6 两相接地短路故障分析

一、边界条件与特殊相

图 6 - 15 示出了 k 点 BC 相金属性接地故障，边界条件为

$$
\begin{cases}
\dot{I}_{kA} = 0 \\
\dot{U}_{kB} = 0 \\
\dot{U}_{kC} = 0
\end{cases}
\tag{6-18}
$$

特殊相是 A 相，CA 相接地时特殊相是 B 相，AB 相接地时特殊相是 C 相。特殊相是非故障相。

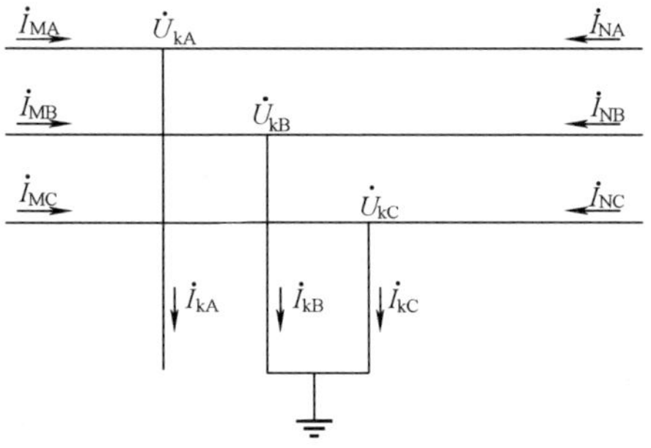

图 6-15　k 点发生 BC 相金属性接地故障

二、复合序网

将式（6-18）用 A 相序分量表示为

$$
\begin{cases}
\dot{I}_{kA1} + \dot{I}_{kA2} + \dot{I}_{kA0} = 0 \\
\dot{U}_{kA1} = \dot{U}_{kA2} = \dot{U}_{kA0} = \dfrac{\dot{U}_{kA}}{3}
\end{cases}
\tag{6-19}
$$

由式（6-19）作出复合序网如图 6-16 所示，是特殊相正序、负序、零序网络并联。

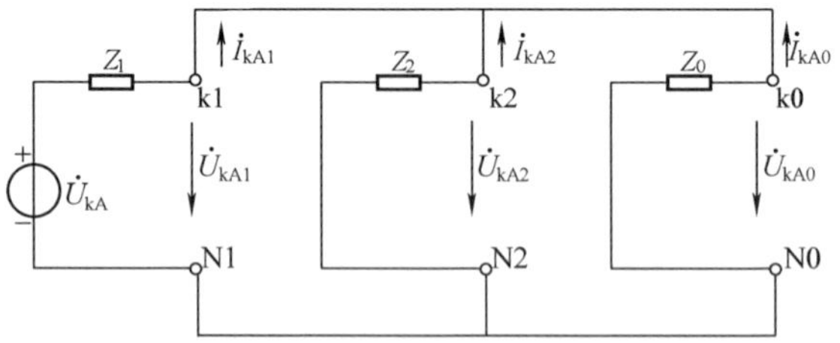

图 6-16　BC 接地时的复合序网

由图6-16可求得

$$\begin{cases} \dot{I}_{kA1}=\dfrac{\dot{U}_{kA}}{Z_1+\dfrac{Z_2Z_0}{Z_2+Z_0}} \\ \dot{I}_{kA2}=-\dfrac{Z_0}{Z_1+Z_0}\dot{I}_{kA1} \\ \dot{I}_{kA0}=-\dfrac{Z_0}{Z_2+Z_0}\dot{I}_{kA1} \end{cases} \tag{6-20}$$

计及 $Z_1=Z_2$、三相短路电流 $\dot{I}_{kA(3)}=\dfrac{\dot{U}_{kA}}{Z_1}$，故障支路电流 $\dot{I}_{kB}$、$\dot{I}_{kC}$可表示为

$$\begin{aligned}\dot{I}_{kB}&=\alpha^2\dot{I}_{kA1}+\alpha\dot{I}_{kA2}+\dot{I}_{kA0}\\&=(\alpha^2+\frac{Z_0-Z_1}{2Z_0+Z_1})\dot{I}_{kA(3)}\end{aligned} \tag{6-21}$$

$$\begin{aligned}\dot{I}_{kC}&=\alpha\dot{I}_{kA1}+\alpha^2\dot{I}_{kA2}+\dot{I}_{kA0}\\&=(\alpha+\frac{Z_0-Z_1}{2Z_0+Z_1})\dot{I}_{kA(3)}\end{aligned} \tag{6-22}$$

流入地中的电流 $\dot{I}_g$ 为

$$\dot{I}_g=\dot{I}_{kB}+\dot{I}_{kC}=-\frac{3Z_1}{2Z_0+Z_1}\dot{I}_{kA(3)} \tag{6-23}$$

参 考 文 献

[1] 韦钢，吴伟力，胡丹云，李智华. 分布式电源及其并网时对电网的影响 [J]. 高电压技术，2007，33 (1).

[2] 朱守真，张昊，郑竟宏，等. 分布式电源与配电系统并网运行的探讨 [J]. 沈阳工程学院学报 (自然科学版)，2005，1 (4).

[3] 卢志刚，董玉香. 含分布式电源的配电网故障恢复策略 [J]. 电力系统自动化，2007，31 (1).

[4] 熊军，龚建荣，吴汕，甘德强. 分布式电源对杭州配网保护的影响及准入容量的计算 [J]. 能源工程，2007 (1).

[5] 胡成志，卢继平，胡利华，冉力．分布式电源对配电网继电保护影响的分析［J］．重庆大学学报（自然学报），2006，29（8）．

[6] 黄伟，雷金勇，夏翔，吴汕，熊军．分布式电源对配电网相间短路保护的影响［J］．电力系统自动化，2008，32（1）．

[7] Maria Brucoli，Tim C. Green，John D. F. McDonald，"Modelling and Analysis of Fault Behaviour of Inverter Microgrids to Aid Future Fault Detection".

[8] H Al-Nasseri，M A Redfern R. O' Gorman，Protecting Micro-grid Systems containing Solid-State Converter Generation.

[9] M. A. Redfern；H. Al-Nasseri，"PROTECTION OF MICRO-GRIDS DOMINATED BY DISTRIBUTED GENERATION USING SOLID STATE CONVERTERS".

[10] H. Nikkhajoei，Member，IEEE，R. H. Lasseter，Fellow，"Microgrid Protection".

[11] H. H. Zeineldin，Student Member，IEEE，E. F. El-Saadany，Member，IEEE，and M. M. A. Salama，Fellow，IEEE，"Protective Relay Coordination for Micro-grid Operation Using Particle Swarm Optimization".

[12] H. H. Zeineldin，Student Member，IEEE，E. F. El-Saadany，Member，IEEE，and M. M. A. Salama，Fellow，IEEE，"Distributed Generation Micro-Grid Operation Control and Protection".

[13] Adly G，Sukumar B. "Effect of distributed generation on protective device coordination in distribution system［C］". Proceedings of 2001 IEEE PES Summer meeting，2001.

[14] Al-Nasseri，H，Redfern，M. A. "Harmonics content based protection scheme for Micro-grids dominated by solid state converters" Power System Conference，2008. MEPCON 2008. 12th International Middle-East：50～56.

[15] 贺家李，宋从矩．电力系统继电保护原理（第3版）．北京：中国电力出版社，1994．

[16] 张艳霞，姜惠兰．电力系统保护与控制．北京：清华大学出版社，2005.

[17] 王晓东．电力系统故障诊断［D］，河北工业大学，2008.

[18] 张伯明，陈寿孙，严正．高等电力网络分析．北京：清华大学出版社，2007.

[19] 洪佩孙．不对称运行与对称分量法．江苏电机工程，2002，21（5）：47～50.

[20] 江苏省电力公司．电力系统继电保护原理与实用技术．北京：中国电力出版社，2006.

微电网仿真实例分析

7.1 微电网建模仿真与分析

7.1.1 微电网仿真系统概述

微电网仿真系统的示意图如图7-1所示。在本例中，微电网中微电源由燃气轮机（额定功率65kW）、光伏电池（额定功率10kW）、燃料电池（额定功率40kW）以及风力发电机（额定

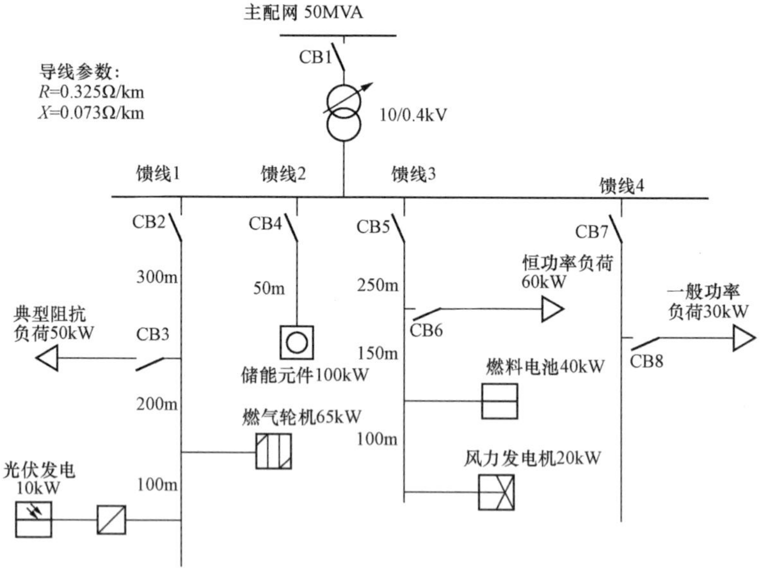

图7-1 微电网仿真系统示意图

功率 20kW）组成，同时考虑了储能元件（超级电容器）（额定功率 100kW）；其中光伏电池和燃气轮机接入馈线 1；燃料电池和风力发电机接入馈线 3。

系统负荷由冷、热、电三种负荷构成，馈线 1 中接入负荷 50kW；馈线 3 中接入负荷 60kW，在馈线 4 中接入一般负荷 30kW。在仿真过程中考虑了负荷的特征，在馈线 1 中接入的电负荷为典型阻抗负荷，馈线 3 中的电负荷为恒功率负荷，馈线 4 中接入的电负荷对系统供电的可靠性要求不高。

系统接线方式为单母线结构，系统接受配电网一回 10kV 进线。正常运行时，PCC 点开关为闭合状态，对应以下三种情况。

（1）当负荷小于各台微电源总的发电量时，PCC 点流过的负荷方向为微电网流向配电网。具有调节能力的机组对负荷的波动进行调节，维持供需平衡。

（2）当负荷大于各台微电源总的发电量时，PCC 点流过的负荷方向为：配电网流向微电网。配电网给微电网供电，满足供电需求。

（3）当部分微电源机组检修时，停相应的机组，打开对应的开关。调整其他机组出力，对负荷跟发电量情况进行比较分析，作出相应的动作。

在正常运行方式下，馈线 1 中发电容量大于正常负荷需求，潮流呈向上送的趋势；馈线 3 中负荷需求大于发电容量，需系统给该馈线供电；馈线 4 中负荷基本由配电网供给。在一些特殊故障情形下，比如机组因故障退出或者微电网由并网运行转入孤网运行时，由储能元件补偿部分负荷供电。

7.1.2　仿真模型的建立与参数设定

一、各元件模型的建立

各微电源模型采用电流源等效，如图 7－2 所示。根据机组本身特性以及在微电网中发挥的作用，对 Irefa、Irefb、Irefc 加

以 P/Q 或者 U/f 控制，即可实现各机组不同的输出需求。

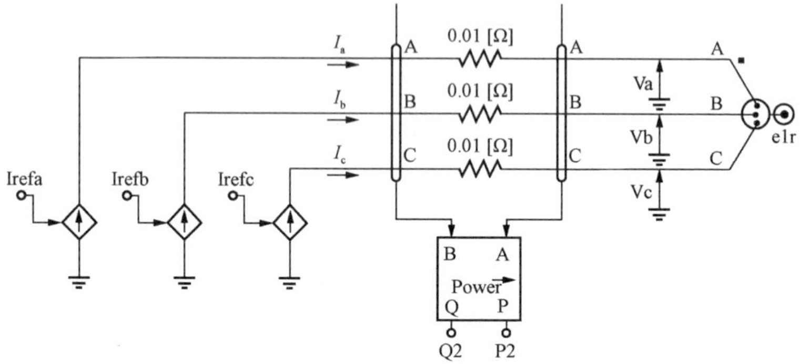

图 7-2　仿真模块的实现（一）

主网部分的仿真模块如图 7-3（a）所示，由于主网相对于微电网来说容量可视为无穷大，在微电网并网时主网起到稳定电压、频率的作用，所以利用理想源来等效模拟主网，电压设定值为 0.4kV，频率设定值为 50Hz。

分布式电源模块的仿真模块如图 7-3（b）所示，每台机组用一个模块将其电路组装起来，其中，CTRL 将分布式电源控制中需要用到的 Ea、Eb、Ec 采集作为输入信号输入到模块中，e1r 为该模块的输出信号。

图 7-3（c）所示为锁相环（Phase Locked Loop，PLL）的仿真模块，实现机组输出的相位与外部电网的一致。

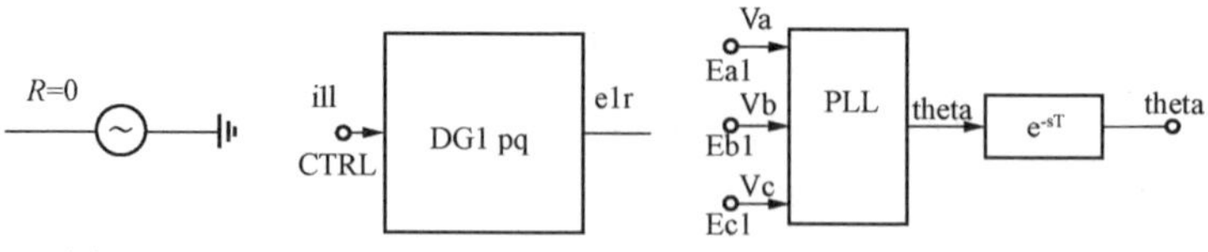

（a）　　（b）　　（c）

图 7-3　仿真模块的实现（二）

（a）主网部分仿真模块；（b）分布式电源模块；（c）锁相环仿真模块

二、燃气轮机机组控制模型的建立

微电源在微电网并网和孤网两种运行状态下的控制策略是不同的。微电源的控制方式与所采用的发电装置的类型以及微电源在微电网中发挥的作用有关。对于由微型燃气轮机、燃料电池、风力发电机、光伏电池以及蓄电池组成的微电网来说，通常有P/Q控制与U/f控制两种控制方式。微电网并网状态下各机组可采用P/Q控制方式，而微电网在孤网状态下，部分机组采用P/Q控制，部分机组采用U/f控制。P/Q控制方式通过设定微电源原动机的有功功率、无功功率参考值来进行有功、无功功率的调节。U/f控制主要为微电网的孤网运行提供强有力的电压和频率支撑，并具有一定负荷功率的跟随特性。通过设定电压和频率的参考值，在PI调节器作用下实时检测燃气轮机输出端口电压和频率，并作为恒压、恒频微电源使用。

在仿真中，将各种微电源分为两类，一类是风电、光伏发电等机组，因其发电具有间歇性，加以P/Q控制，如图 7－4 所示：一类是功率可调的机组，如微型燃气轮机、燃料电池，并网时加以P/Q控制，而在微电网孤网运行时基于系统安全稳定性的考虑，加以U/f控制，如图 7－5 所示。在本例中，燃料电池由于效率高、运行经济，也加以P/Q控制。

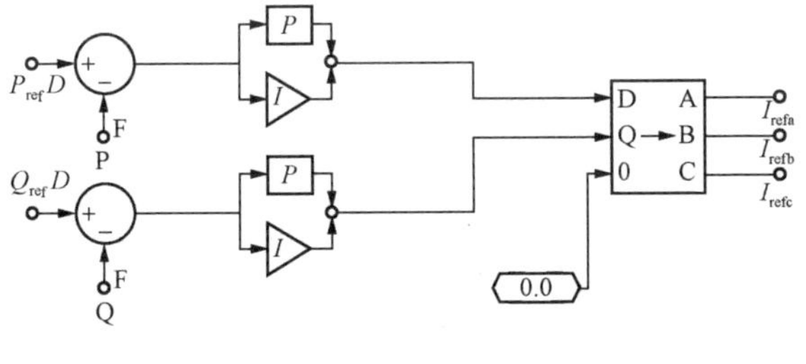

图 7－4　P/Q控制的微电源仿真电路

三、微电网系统模型的建立

利用 PSCAD 仿真软件建立微电网模型，仿真系统的主电路如图 7－6 所示。

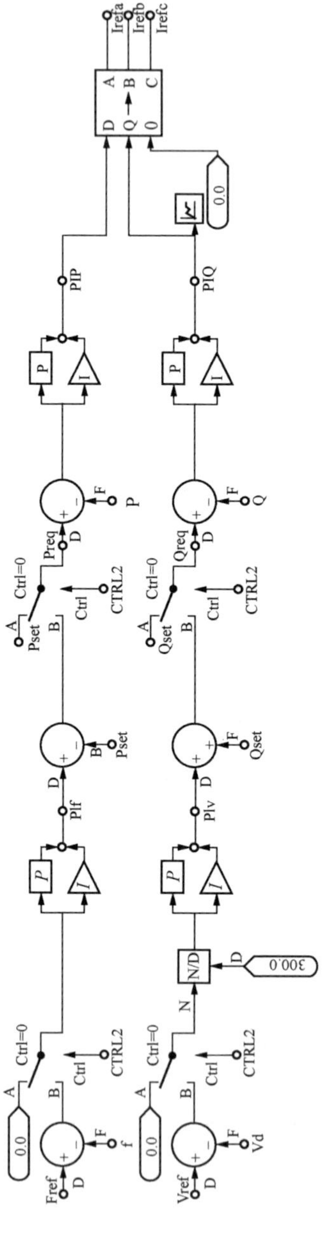

图 7-5 U/f 控制的微电源仿真电路

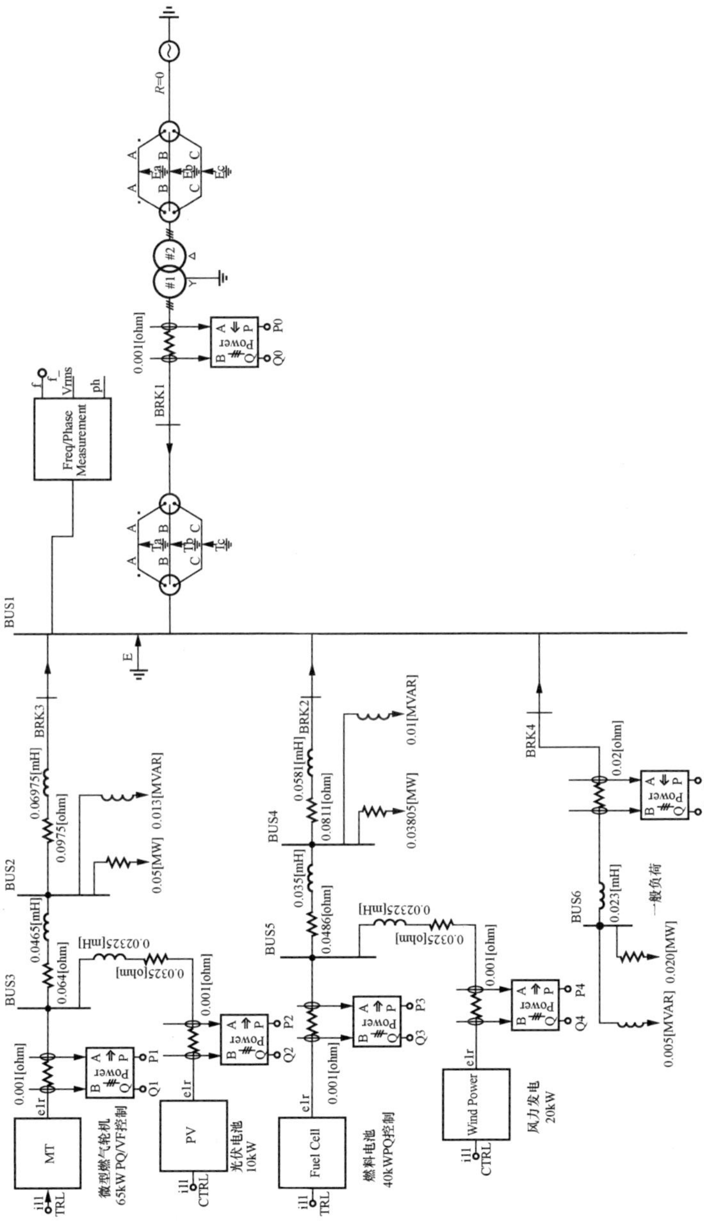

BUS1
BUS2
BUS3
BUS4
BUS5
BUS6
BRK1
BRK2
BRK3
BRK4
Freq/Phase Measurement
f
f_
Vrms
ph
R=0
#1
#2
Y
Δ
Ea
Eb
Ec
Ta
Tb
Tc
E
0.001[ohm]
Power
P0
Q0
0.06975[mH]
0.0975[ohm]
0.013[MVAR]
0.05[MW]
0.0465[mH]
0.064[ohm]
0.02325[mH]
0.0325[ohm]
0.0581[mH]
0.0811[ohm]
0.01[MVAR]
0.03805[MW]
0.035[mH]
0.0486[ohm]
0.02[ohm]
0.023[mH]
0.020[MW]
0.005[MVAR]
一般负荷
P1
Q1
P2
Q2
P3
Q3
P4
Q4
P5
Q5
MT
PV
Fuel Cell
Wind Power
e1r
i11
TRL
CTRL
微型燃气轮机
65kW PQ/VF控制
光伏电池
10kW
燃料电池
40kWPQ控制
风力发电
20kW

图 7－6　仿真系统主电路

7.2 微电网经济运行优化计算与分析

7.2.1 计算参数设定

一、本地气象参数

不同季节典型日各时刻的温度、风速和光照强度数据，如图7-7～图7-9所示。

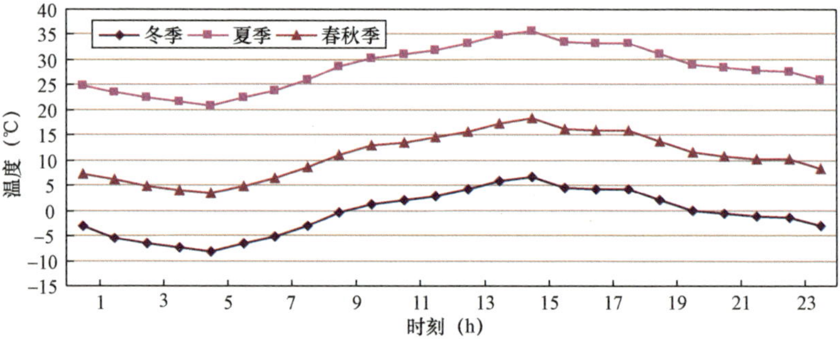

图7-7 模型中的温度数据

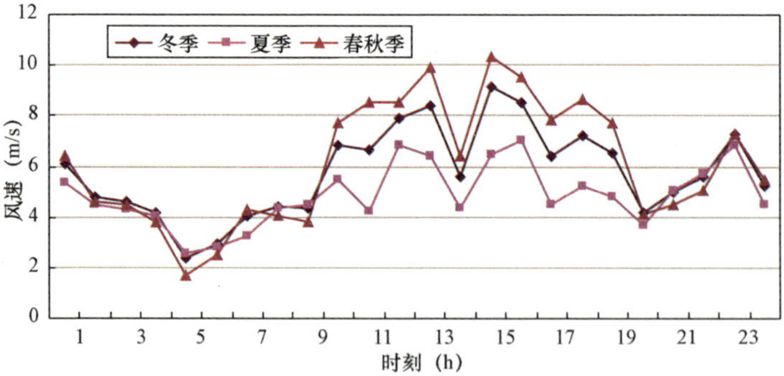

图7-8 模型中的风速数据

二、设备技术性能参数

系统模型中主要的机组设备技术性能参数见表7-1。

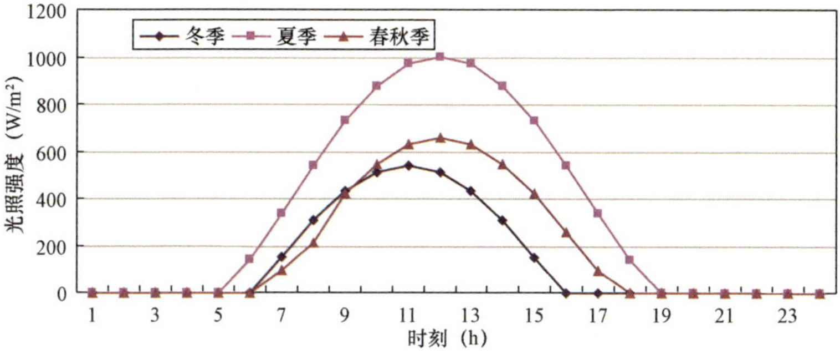

图 7-9　模型中输入的光照强度数据

表 7-1　　设 备 技 术 参 数

机组设备名称	技术性能项目	参　数
风力发电机	额定功率	20kW
	风叶直径	9.0 m
	切入风速	3 m/s
	切出风速	20 m/s
	额定风速	10 m/s
	风能利用系数	0.42
光伏电池元件	STC① 下最大功率	200 W
	工作温度	−40～+85℃
	额定工作温度	45℃±2℃
	功率温度系数	−0.47%/℃
燃料电池	最大功率	5kW
	最大电流	22 A
	额定电压	220 V
	操作压力	0.05 MPa
微型燃气轮机	输出功率	65kW
	发电效率	29%
	燃料流量	
	HHV	888 MJ/hr
	LHV	807 MJ/hr
	净热效率（LHV）	12.4 MJ/kW·h
	排烟温度	309℃

续表

机组设备名称	技术性能项目	参　　数
溴化锂吸收式冷热水机组	烟气进/出口温度	≥250℃/120℃
	最大制冷量	230kW
	制冷性能系数	1.2
	制热性能系数	0.95

① STC（标准测试条件）：光照强度 1000W/m²，温度 25℃，AM1.5 太阳光谱。

三、能源价格参数

本地能源价格参数见表 7-2 所示。

表 7-2　　　能 源 价 格 表

	项　　目	价　　格
能源类型	天然气	2.05 元/m³
	氢气	160 元/40L 瓶（12.8MPa）
	氧气	15 元/40L 瓶（12.8MPa）
购电	峰段	0.83 元
	平段	0.49 元
	谷段	0.17 元
售电	峰段	0.65 元
	平段	0.38 元
	谷段	0.13 元

表 7-2 中电价实行分时电价政策，执行时间为：上午 10 时至下午 3 时、晚上 6 时至 9 时为峰段；早上 7 时至 10 时、下午 3 时至晚上 6 时和晚上 9 时至 11 时为平段；晚上 11 时至早上 7 时为谷段。

7.2.2 计算结果分析

假设微电网系统负责为一居民小区提供日常生活用电，并在不同季节满足冷热负荷需求，负荷曲线如图 7-10～图 7-12 所示。系统中的小型冷热电联产系统夏季制冷、冬季供暖，并能提

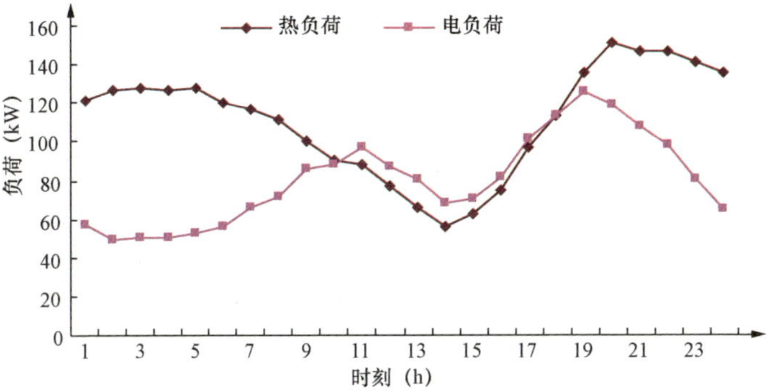

图7-10 冬季典型日热电负荷曲线

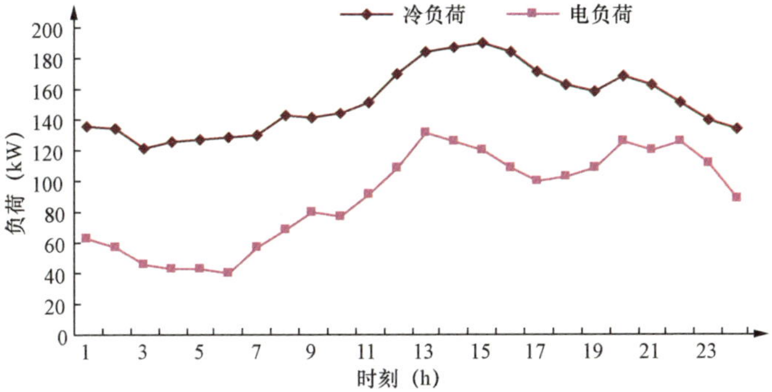

图7-11 夏季典型日冷电负荷曲线

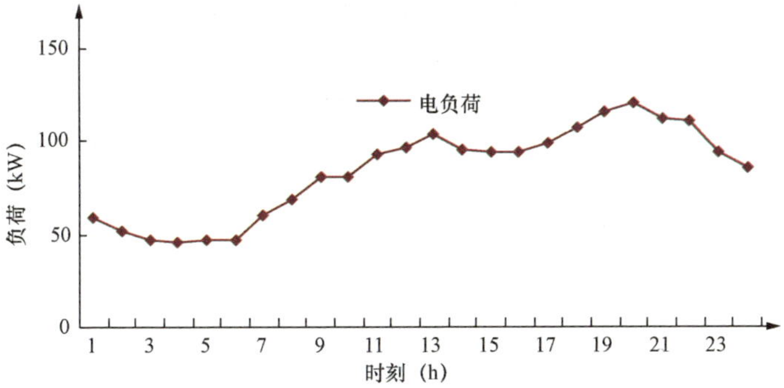

图7-12 春秋季典型日电负荷曲线

供部分电负荷，不够的电量由其他微电源提供，仍无法满足的部分可向主配网购买；相反的，电量若有剩余可向主配网系统售电。当然，上述过程须建立在经济运行的基础上，即当发电成本大于购电电价时才考虑购电，当发电成本小于售电电价时才考虑售电。

根据 4.6 节建立的数学模型，通过分析计算得出不同季节典型日各微源的输出功率及系统购售电情况如下所述。

一、冬季

冬季为供暖期，系统以热定电，利用式（4－16）可求出满足热负荷需求时微型燃气轮机的排气烟气余热量，进而由式（4－14）求出其输出功率。微型燃气轮机的出力应首先满足热负荷需求，电负荷超出的部分可向主配网系统出售，而不足部分考虑由其他微电源发电或通过向主配网系统购电来满足。图 7－13 和图 7－14 所示分别为冬季采暖期典型日系统各微电源的输出功率及购售电曲线。

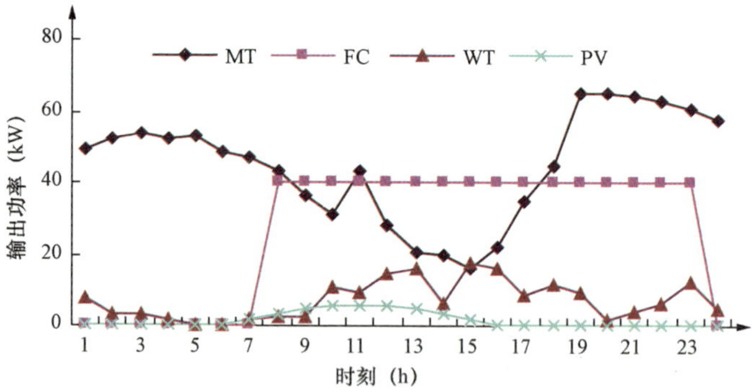

图 7－13　冬季典型日各微电源输出功率曲线

从上面结果可以看出，在风力发电机和太阳能光伏电池尽量发电、微型燃气轮机满足了热负荷需求的前提下：①在 0 时至 7 时，由于购电电价小于燃料电池的发电成本，且售电电价小于燃

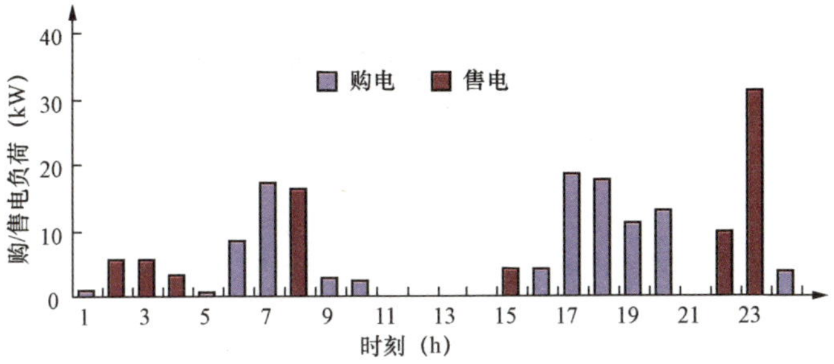

图 7－14 冬季典型日系统向外购售电情况

料电池的发电成本，所以 FC 在此时间段不发电，不足的电负荷从上级电网购买，若有剩余电负荷则向上级电网出售；②在 8 时至 23 时，由于购电电价大于燃料电池的发电成本，且售电电价大于燃料电池的发电成本，所以 FC 满发；③在 1 时至 10 时、16 时至 18 时和 22 时至 24 时，由于购电电价小于微型燃气轮机的发电成本，且售电电价小于微型燃气轮机的发电成本，所以微型燃气轮机满足热负荷需求后不多发电；④在 11 时至 15 时和 19 时至 21 时，由于购电电价大于微型燃气轮机的发电成本，而售电电价小于微型燃气轮机的发电成本，所以满足热负荷后，若电负荷尚未满足，则微型燃气轮机继续出力，直到满足电负荷需求后不再多发电。

二、夏季

夏季为供冷期，系统以冷定电，同样，利用式（4－15）可求出满足冷负荷需求时微型燃气轮机的排气烟气余热量，进而由式（4－14）求出其输出功率。微型燃气轮机的出力应首先满足冷负荷需求，超出电负荷的功率部分可向主配网系统出售，不足部分考虑由其他微电源发电或通过向主配网系统购电来满足。图 7－15 和图 7－16 所示分别为夏季制冷期典型日系统各微电源的输出功率及购售电曲线。

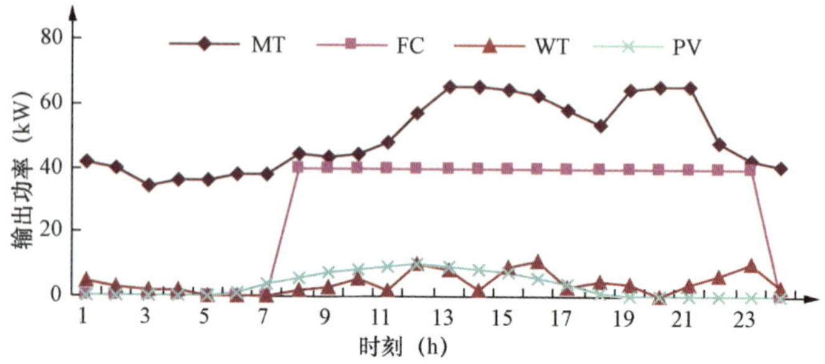

图 7-15　夏季典型日各微电源输出功率曲线

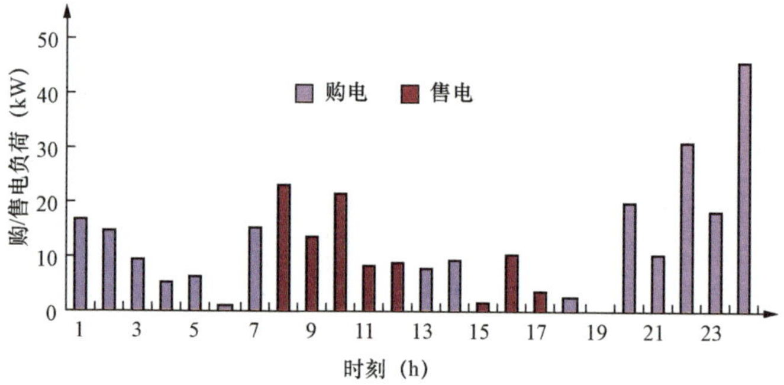

图 7-16　夏季典型日系统向外购售电情况

从图 7-15 和图 7-16 可以看出，在风力发电机和光伏电池尽量发电、微型燃气轮机满足冷负荷需求的前提下：①在 0 时至 7 时，由于购电电价小于燃料电池的发电成本，且售电电价小于燃料电池的发电成本，所以燃料电池在此时间段不发电；②在 8 时至 23 时，由于购电电价大于燃料电池的发电成本，且售电电价大于燃料电池的发电成本，所以燃料电池满发；③在 1 时至 10 时、16 时至 18 时和 22 时至 24 时，由于购电电价小于微型燃气轮机的发电成本，且售电电价小于微型燃气轮机的发电成本，所以微型燃气轮机满足冷负荷需求后不多发电；④在 11 时至 15 时和 19 时至 21 时，由于购电电价大于微型燃气轮机的发电成本，而售电电价小于微型燃气轮机的发电成本，所以微型燃气轮机满足冷负荷后，如果电负荷仍不满足时机组继续出力，直到满足电负荷需求后不再多发电。

三、春秋季

春秋季为非采暖供冷期，系统只需在经济运行的前提下满足电负荷需求即可，同样，多余的发电量可以向主配网系统出售，不足的电负荷，也可向主配网系统购买。图 7－17 和图 7－18 所示分别为春秋过渡期典型日系统各微电源的输出功率及购售电曲线。

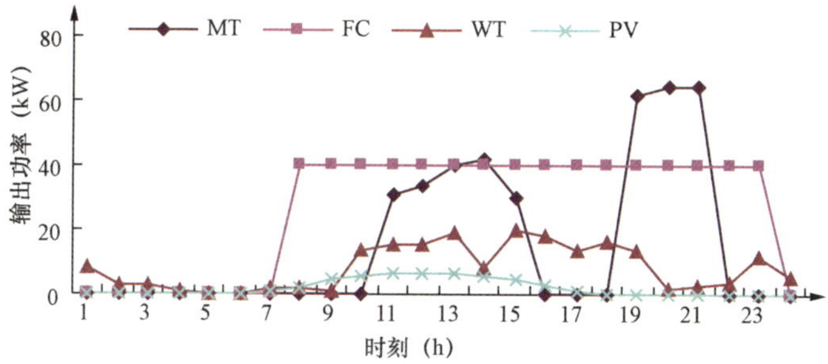

图 7－17　春秋季典型日各微电源输出功率曲线

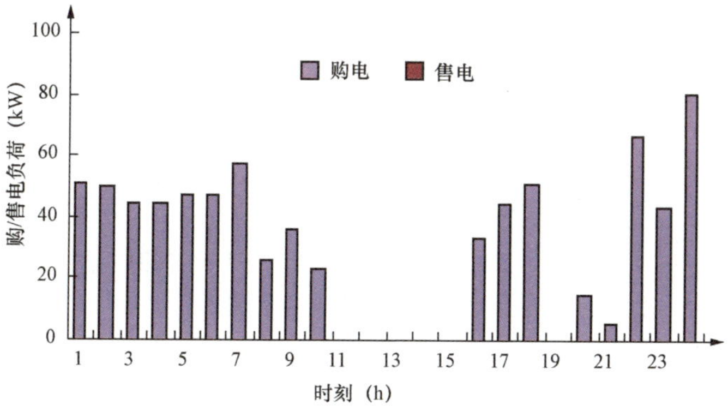

图 7－18　春秋季典型日系统向外购售电情况

从图 7－17 和图 7－18 可以看出，在风力发电机和光伏电池尽量发电的前提下：①在 0 时至 7 时，由于购电电价小于燃料电池的发电成本，且售电电价小于燃料电池的发电成本，所以燃料电池在此时间段不发电；②在 8 时至 23 时，由于购电电价大于燃料电池的发电成本，且售电电价大于燃料电池的发电成本，所以燃料电池满发；③在 1 时至 10 时、16 时至 18 时和 22 时至 24 时，由于购电电价小于微型燃气轮机的发电成本，且售电电价小于微型燃气轮机的发电成本，所以机组不发电；④在 11 时至 15 时和 19 时至 21 时，由于购电电价大于微型燃气轮机的发电成本，而售电电价小于微型燃气轮机的发电成本，所以机组尽力满足电负荷需求而不多发电。

7.3 微电网运行与控制的仿真分析

7.3.1 微电网运行的仿真分析

在本例中，模拟夏季午后 16 点左右的运行工况，此时负荷为 108.05kW，并网时微型燃气轮机、燃料电池、风机、光伏电池分别发出有功功率为 62.35、40、10.98kW 和 5.30kW。微电网向大电网输送功率 6.22kW，损耗为 4.36kW。孤网后，微型燃气轮机跟踪负荷变化，对电压、频率进行调节。

假设 0～5s 时，微电网并网运行；5～10s 时，微电网孤网运行；10～15s 时，微电网恢复并网。有功功率、无功功率的仿真结果分别如图 7－19、图 7－20 所示。在孤网运行时，微电网与大电网之间的功率交换迅速降为 0。微型燃气轮机发出功率在略微波动后，稳定在 54.37kW、28.6kvar。燃料电池、风机、光伏电池发出功率保持不变。图 7－21 显示了母线电压幅值在微电网运行方式转换时的变化情况，电压幅值先略有下降（降至

300 V)，其后逐渐上升至 307.8 V。图 7－22 所示为频率的变化情况，可见在孤网、并网的瞬间频率均有变化，但都在允许的范围之内。

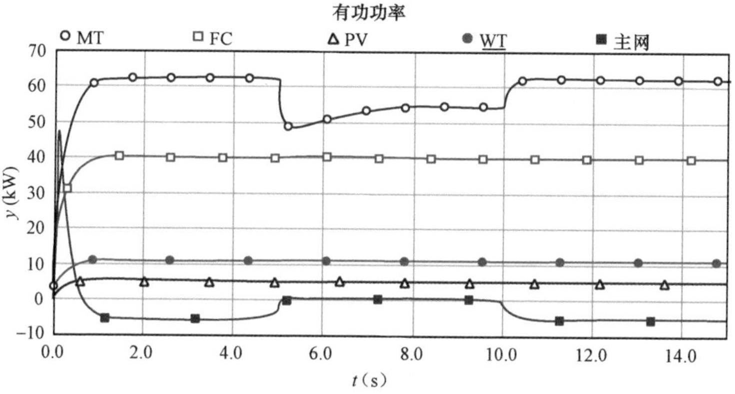

图 7－19　微电网并网、孤网转换时的有功功率变化情况

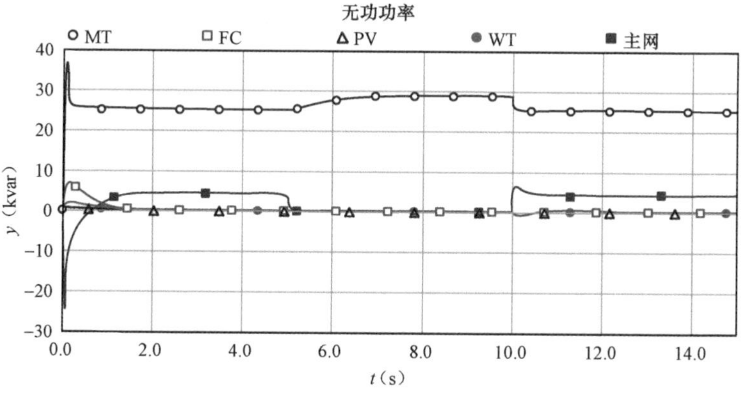

图 7－20　微电网并网、孤网转换时的无功功率变化情况

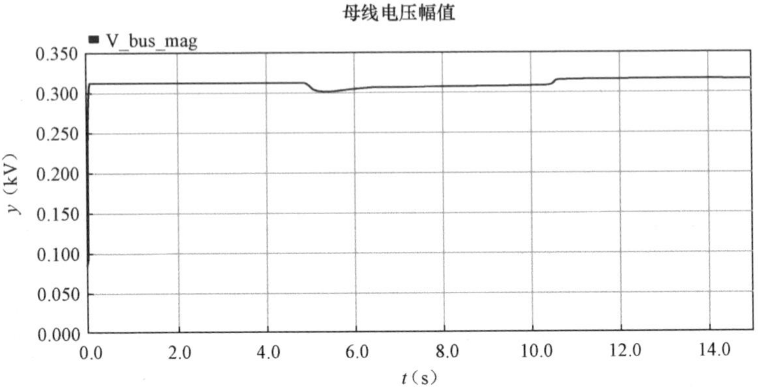

图 7－21　微电网并网、孤网转换时的母线电压幅值变化情况

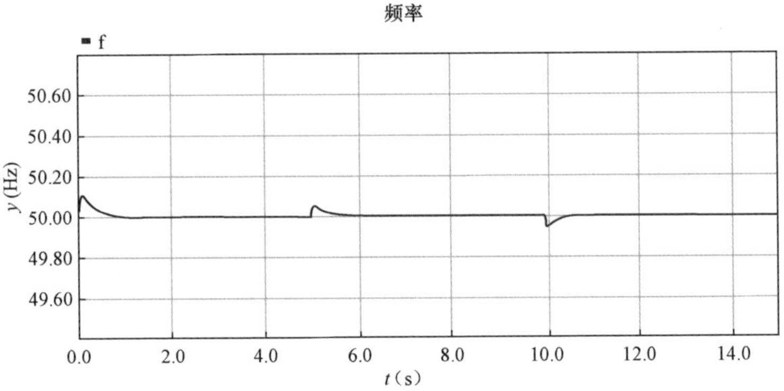

图 7－22　微电网并网、孤网转换时的频率变化情况

7.3.2　微电网系统频率稳定性仿真分析

我国电力系统的额定频率为 50Hz，正常运行的电力系统的频率应经常保持额定值。如果系统的频率低于额定频率将会对用户和系统的运行造成不良后果，比如会造成用户电动机转速下降，电动机不能在额定转速下运转；容易造成某些自动设备不能正常工作等。为了保证系统在额定状态下运行，就需要采取必要的调荷措施，以保证电力系统能在额定频率下正常运行。

对于微电网来说，其规模相对大电网非常小。在并网运行时，微电网内部的有功功率由大电网平衡，此时有功功率的波动对于大电网可以忽略不计，因此，微电网在并网时的频率与大电网保持一致。而在微电网孤网运行时，微电网内部的频率稳定依赖于进行 U/f 控制的机组对系统有功功率的平衡。

设定在微电网 0.0～5.0s 时并网运行，5.0～12.0s 时孤网运行。在 2.0～2.9s，有功负荷从 108.05kW 增长至 118.05kW，并于 3.0～3.9s 从 118.05kW 降至 108.05kW；在 8.0～8.9s，负荷从 108.05kW 增长至 118.05kW；并于 9.0～9.9s 从 118.05kW 降至 108.05kW。图 7－23 显示了系统的有功功率变化情况。微电网并网时各机组输出有功功率保持不变，而与大电网交换的功率由输送（5.72kW）转为吸收（最大为 4.15kW），从而保持有功功率的平衡。在微电网孤网运行时，微型燃气轮机的输出有功功率有效地跟踪了负荷的变化，从而维持了孤网运行时微电网系统的频率。图 7－24 显示了系统频率的变化情况，并网运行时有功负荷的变化不会引起系统频率变化，而孤网运行时有功负荷改变会引起系统频率波动。

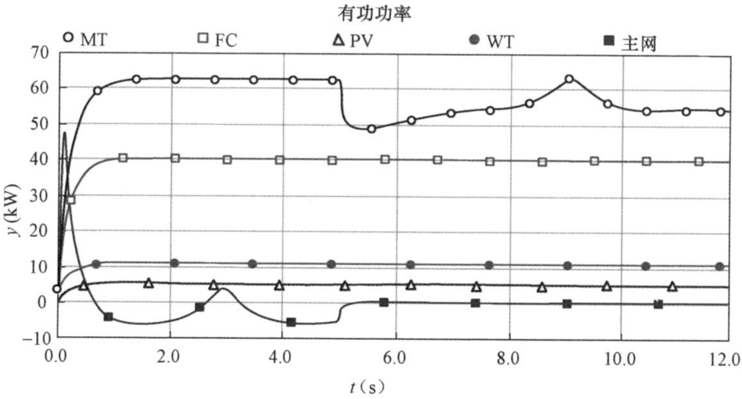

图 7－23　变动负荷条件下的有功功率变化情况

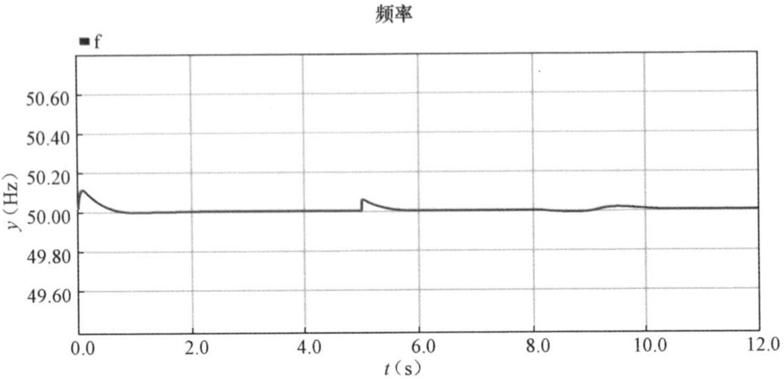

图 7-24　变动负荷条件下的频率变化情况

7.3.3　微电网系统电压稳定性仿真分析

电压稳定性是指电力系统各母线电压在正常和受扰动后的动态过程中被控制在额定电压的允许偏差范围内的能力。电压波动过大会造成很多危害，比如对感应电动机特性的影响是：当电动机受电电压低于铭牌额定电压时，将引起启动转矩的减少和满负荷温升的增高；电动机受电电压高于铭牌额定电压时，会引起启动转矩的增加、启动电流的增加和功率因数的降低。一般情况下，电压比额定值稍高要比电压低于额定值对电动机性能的不利影响小一些。

设定在微电网 0.0～5.0s 时并网运行，5.0～12.0s 时孤网运行。无功负荷为 28kvar，微型燃气轮机发出无功 25kvar，其余机组发出无功为 0。在 2.0～2.9s，无功负荷从 28kvar 增长至 38kvar，并于 3.0～3.9s 从 38kvar 降至 28kvar；在 8.0～8.9s，负荷从 28kvar 增长至 38kvar；并于 9.0～9.9s 从 38kvar 降至 28kvar。

图 7-25 显示了系统的无功功率变化情况。微电网并网时各机组输出无功功率保持不变，而与大电网交换的功率由 4.9kvar 逐渐上升至 14.9kvar，然后逐渐下降至 4.9kvar，从而保持无功功率的平衡（其中有 1.9kvar 的无功损耗）。在微电网孤网运行时，微型燃气轮机的输出无功功率由 29.7kvar 逐渐上升至

39.7kvar，然后逐渐下降至29.7kvar。可见，微型燃气轮机的输出无功功率有效地跟踪了负荷的变化，从而维持了孤网运行时微电网系统的电压幅值恒定。图 7－26 显示了系统母线电压幅值的变化情况，并网运行时无功负荷的变化不会引起系统母线电压幅值变化，而孤网时无功负荷改变会引起系统母线电压幅值波动。

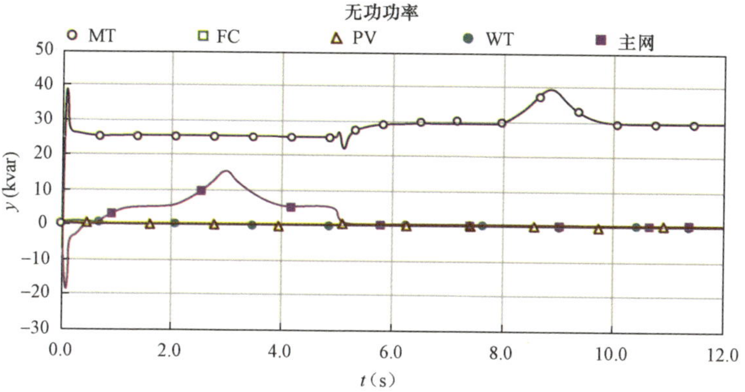

图 7－25 变动负荷条件下的无功功率变化情况

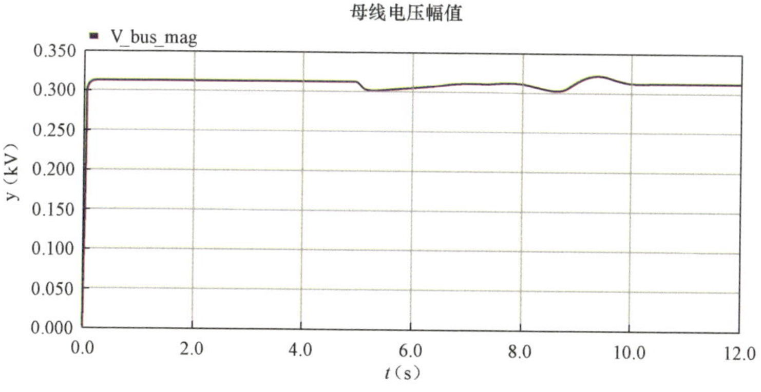

图 7－26 变动负荷条件下的电压变化情况

7.3.4 微电网对电能质量的影响

微电网系统有两种运行方式，即微电网和大电网并网运行以及微电网孤网运行。微电网并网运行时，其电能质量如电压、频率质量主要由大电网控制，但是由于微电网负荷的变化，可能出现微电网与大电网潮流出现双向流动的情况，尤其是在潮流流向大电网的情况下，负荷母线电压将发生抬升，对电压质量影响较大。而在微电网孤网运行时，负荷性质及负荷变化情况、发电机组的响应能力、保护装置动作等是影响电能质量的主要因素。本节将从微电网并网运行时潮流双向流动对电能质量的影响和微电网孤网运行对电能质量的影响两方面展开阐述。

一、冲击负荷对微电网电能质量的影响

近年来，越来越多的大容量非线性负荷（如电弧炉、轧钢机等）接入到电力网中，产生不断变化的冲击负荷。冲击负荷是指具有周期性或非周期性，突然变化很大的负荷。一般出现最大负荷的时间很短，但其峰值可能是其平均负荷的数倍或数十倍。冲击负荷具有功率变化速度快、负荷曲线呈锯齿状等特点，大量存在的冲击负荷将严重影响电网供电的电能质量，引起电力系统的频率波动、公共供电点的电压陡降，灯光闪烁，电视机图像畸变，传真图文失真等。通常对冲击负荷需要做专门的研究，并提出相应的对策，以满足电力系统安全稳定和电能质量的要求。

正常运行时，有功负荷为108.05kW，无功负荷为28kvar。并网时微型燃气轮机、燃料电池、风机、光伏电池分别发出有功功率为62.35、40、10.98kW和5.30kW。微电网向大电网输送功率6.22kW，损耗为4.36kW。微型燃气轮机发出无功25kvar，其余机组发出无功为0，大电网向微电网输送无功功率4.03kvar，无功损耗1.03kvar。假设冲击负荷，造成40kW、30kvar的冲击，在并网运行时和孤网运行时分别检验其对微电网造成的影响。

（1）并网运行时冲击负荷对微电网电能质量的影响。

设定在微电网0.0～5.0s时并网运行。在2.0～2.9s，有功

负荷从 108.05kW 增长至 148.05kW，并于 3.0～3.9s 从 148.05kW 降至 108.05kW；在 2.0～2.9s，无功负荷从 28kvar 增长至 58kvar，并于 3.0～3.9s 从 58kvar 降至 28kvar。图 7－27、图 7－28 分别显示了有功功率、无功功率的变化情况，可见，各台机组出力保持不变，大电网向微电网输送的功率随着冲击负荷的变化而变化。

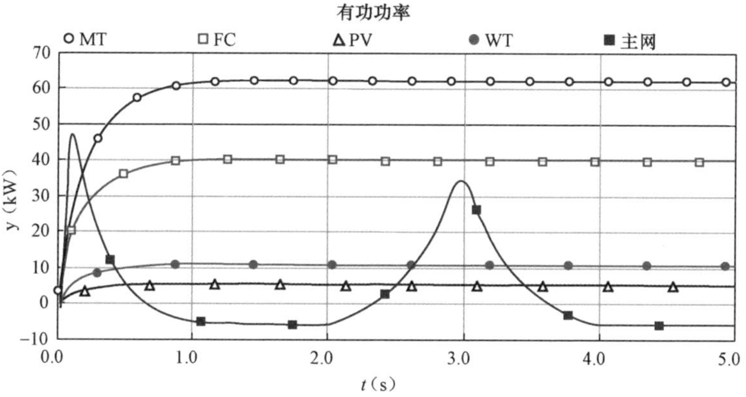

图 7－27　微电网并网运行时有功功率变化情况

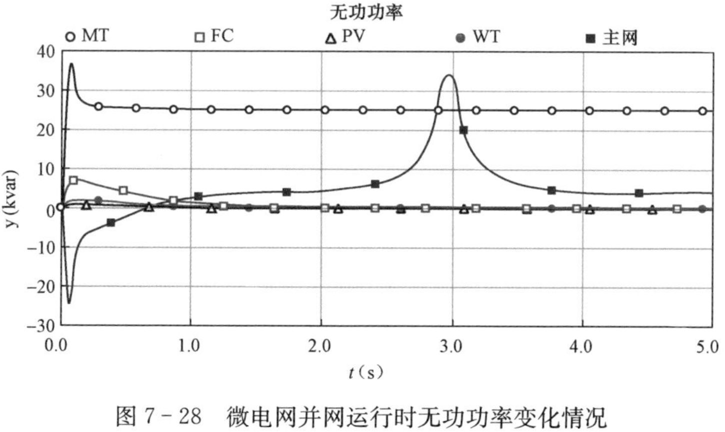

图 7－28　微电网并网运行时无功功率变化情况

从图 7－29 可以看出，并网时冲击负荷对微电网及大电网频率的影响很小。原因主要是并网可以看成是微电网和一个无限大的电网（主网）连接，由于主网的有功和无功容量远远大于微电网的容量，所以微电网和主网之间流动的有功功率基本上可以忽略，其造成的频率变化也很微小。可以认为，并网时微电网的频率质量主要由主网决定。

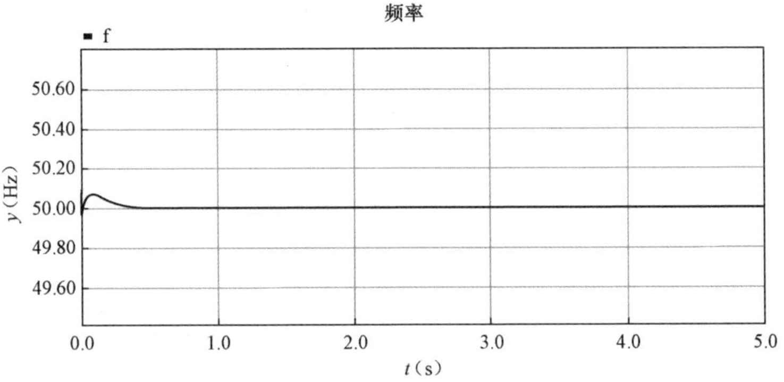

图 7－29　冲击负荷对主网和微电网频率的影响

图 7－30（a）、（b）分别显示了大电网向微电网近距离输电（1km）与远距离输电（10km）时的电压变化情况。近距离输电时冲击负荷对微电网电压幅值的影响很小，仅在无功负荷最大时略有下降；而远距离输电时电压幅值下降较多并超出电压运行的范围。可见，应避免无功功率在大电网和微电网之间的传输，以保证微电网母线电压幅值维持在合理的范围内。

（2）微电网孤网运行时冲击负荷对微电网电能质量的影响。

孤网运行时微电网的电能质量更容易受到冲击负荷的影响。设定在微电网 5.0～10.0s 时孤网运行。在 7.0～7.9s，有功负荷从 108.05kW 增长至 148.05kW，并于 8.0～8.9s 从 148.05kW 降至 108.05kW；在 7.0～7.9s，无功负荷从 28kvar 增长至 58kvar，并于 8.0～8.9s 从 58kvar 降至 28kvar。图 7－31、图

7－32分别显示了有功功率、无功功率的变化情况，可见，大电网向微电网输送的功率在孤网后降为 0，微型燃气轮机的功率伴随冲击负荷的变化而变化，但若负荷总量超出微型燃气轮机的调节范围，则出力保持在额定功率上。

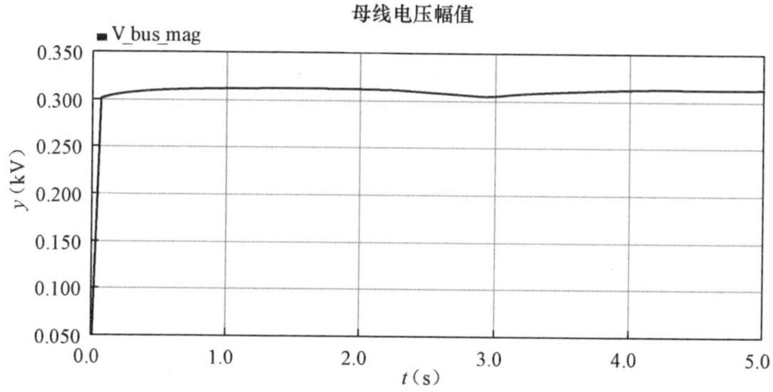

（a）

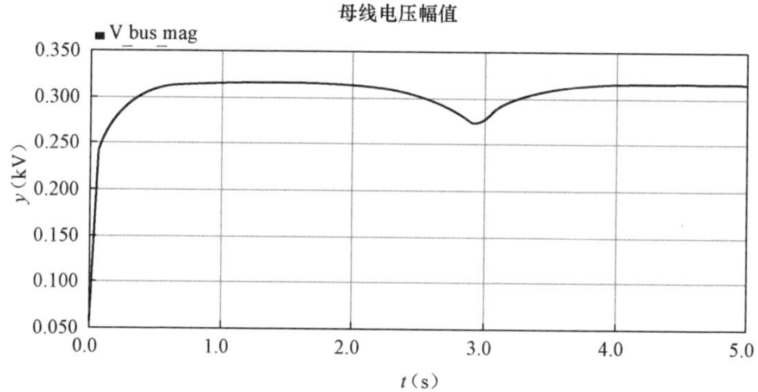

（b）

图 7－30 冲击负荷对主网和微电网电压的影响

（a）大电网向微电网近距离输电；（b）大电网向微电网远距离输电

从图 7－33 可以看出，微电网孤网运行时，冲击负荷对微电网频率质量造成严重的影响。图 7－34 显示了微电网孤网运行时在冲击负荷下的电压变化情况。

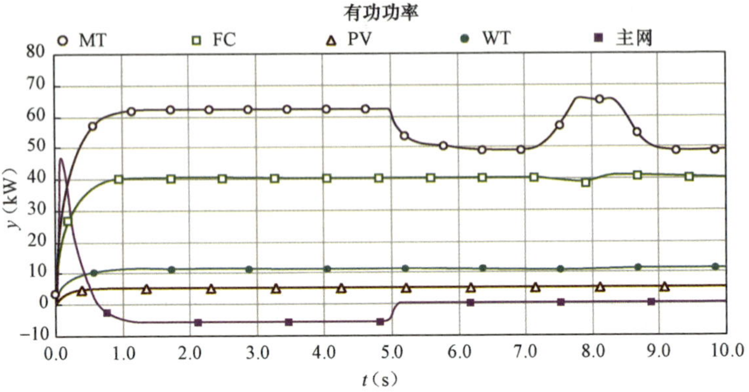

图 7-31　微电网孤网运行时有功功率变化情况

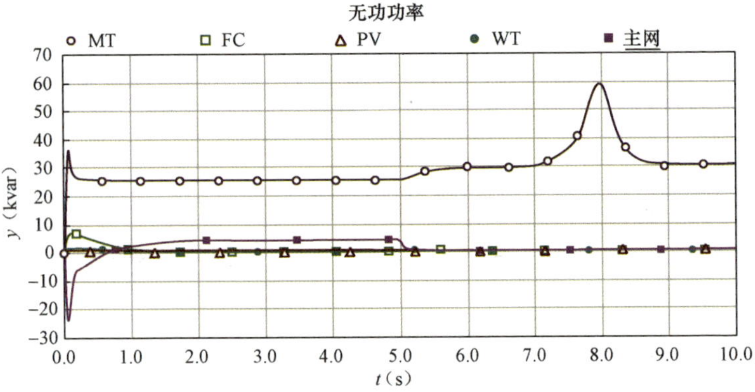

图 7-32　微电网孤网运行时无功功率变化情况

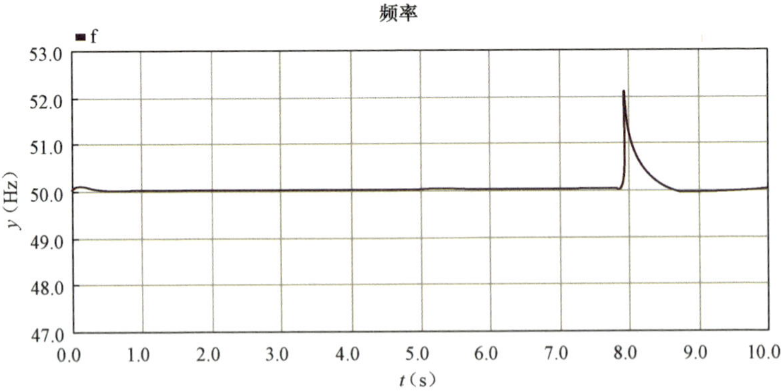

图 7-33　冲击负荷对主网和微电网频率的影响

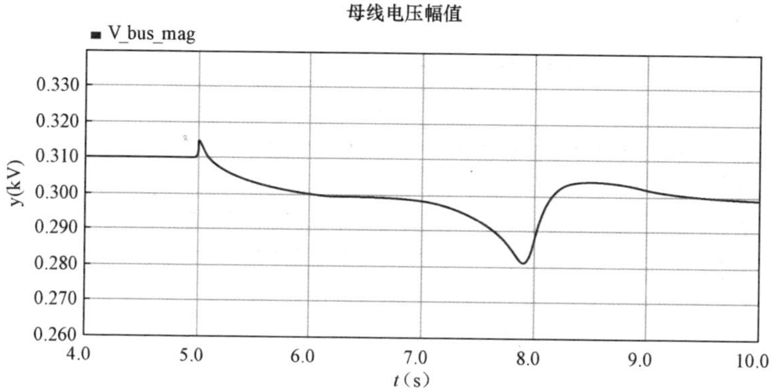

图 7-34　冲击负荷对主网和微电网电压的影响

结论：微电网并网时冲击负荷对微电网及大电网频率的影响很小，对微电网电压的影响与大电网向微电网输送无功功率的距离与容量的大小有关；微电网孤网时，冲击负荷对微电网的频率和电压质量造成更严重的影响。

消除冲击负荷对电力系统影响的主要措施有：加大电力系统短路容量；采用快速调节的补偿装置；对产生冲击负荷的用电设备提高供电电压等级，采取专线供电等。

二、谐波对微电网电能质量的影响

电力系统中谐波是由于非线性负载产生的。由于电力电子技术的飞速发展，各种电力电子装置在电力系统、工业、交通及家庭中的应用日益广泛，在微电网中，照明控制系统（亮度调节）、开关电源（计算机、电视机）、电动机调速设备、不间断电源、整流器、电焊设备、电弧炉、机床（CNC）、电子控制机构、EDM 机械，所有这些非线性用电设备都会产生谐波。谐波对有功功率、无功功率、母线电压幅值以及频率的影响如图 7-35～图 7-38 所示。

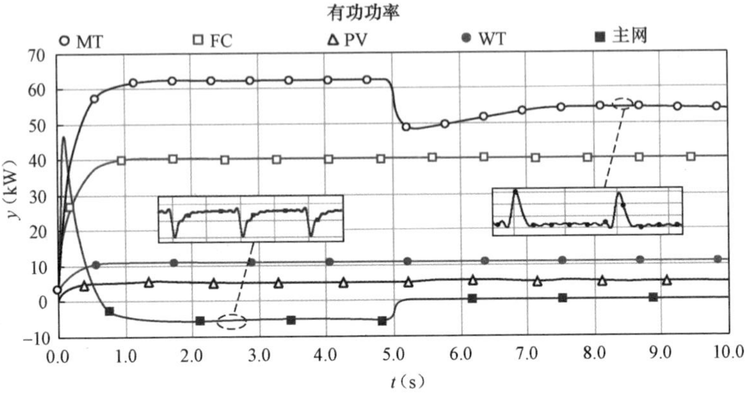

图 7－35　谐波条件下的有功功率变化情况

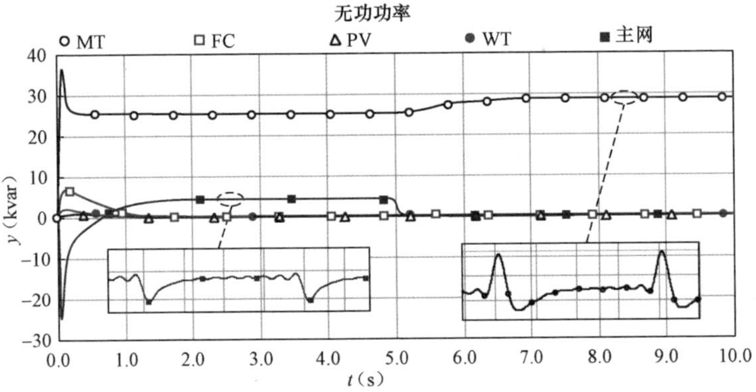

图 7－36　谐波条件下的有功无功功率变化情况

谐波的危害十分严重。谐波使电能的生产、传输和利用的效率降低，使电气设备过热、产生振动和噪声，并使绝缘老化、使用寿命缩短，甚至发生故障或烧毁。谐波可引起电力系统局部并联谐振或串联谐振，使谐波含量放大，造成电容器等设备烧毁。谐波还会引起继电保护和自动装置误动作，使电能计量出现混乱。对于电力系统外部，谐波对通信设备和电子设备会产生严重干扰。为解决电力电子装置和其他谐波源的谐波污染问题，基本思路是装设谐波补偿装置来补偿谐波。

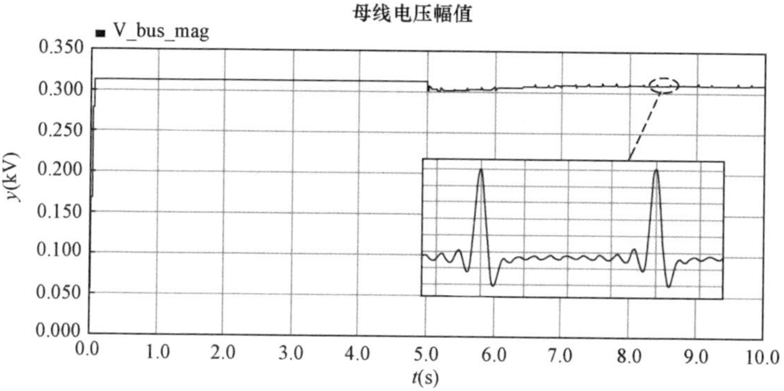

图 7－37 谐波条件下的母线电压幅值变化情况

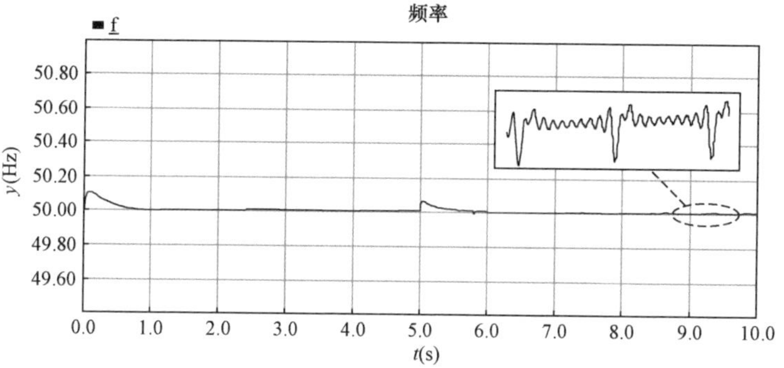

图 7－38 谐波条件下的频率变化情况

7.4 多代理技术的仿真与分析

7.4.1 仿真模型的建立与参数设定

基于多 Agent 技术的微电网电压控制系统的优点可以从 MAS 的协调能力及自身特性中得到体现。

（1）在多 Agent 系统中，在某些线路故障或某些 Agent 失效情况下，其他 Agent 在一定程度上可以替代其工作。

（2）由于 Agent 的自治性特点，它们可以按照上级 Agent 指派的任务要求进行组合，使整个系统具有自适应能力。

（3）采用混合式结构的多 Agent 系统，相比于集中式结构或分布式结构，在系统灵活性和通用性上有所提高。

（4）通过修改 Agent 模块的规则库、算法模块和推理模块，可以满足不同微电网结构下电压控制的要求。

在系统正常运行时，协调级 Agent 每隔特定时间给出各执行级 Agent 的整定值，保证系统维持较好的无功储备和优化运行。在电压突然下降过多的紧急情况下，电压异常节点附近的执行级 Agent 能够感知到系统异常，通过该 Agent 的自治能力或通信协调在其他 Agent 的协助下迅速提升相关的无功电压的无功处理，尽快将节点电压恢复至允许范围。这种能力对于系统在大干扰下保持稳定是十分重要的。

微电网运行状态包括孤网运行和并网运行两种状态，以孤网运行下的微电网电压控制为例，模拟了孤网环境下微电网的电压变化，以验证基于多 Agent 技术的微电网电压控制的思想。本节构建了基本微电网模型以便进行仿真研究。该模型可用于微电网可靠性和电压控制研究，包括一个可控微电源、一个超级电容器、一定量的可变负荷以及适当的监测设备。

对微电网进行二级电压控制系统设计，首先应该对所研究的模型进行电压控制区域的划分，即确定各个 Agent 所掌握的节点范围，从而保证对 Agent 的电压调节不会导致另一 Agent 范围内的电压失稳。在综合研究了多种 Agent 分区方案后，本文将所设计系统分成三个一级控制 Agent 及一个微电网协调级 Agent（记为 AG－M）。一级控制 Agent 分别控制可控微电源（记为 AG－1）、超级电容器（记为 AG－2）、可变负荷（记为 AG－3）。详细结构图如图 7－39 所示，各部分具体结构如下。

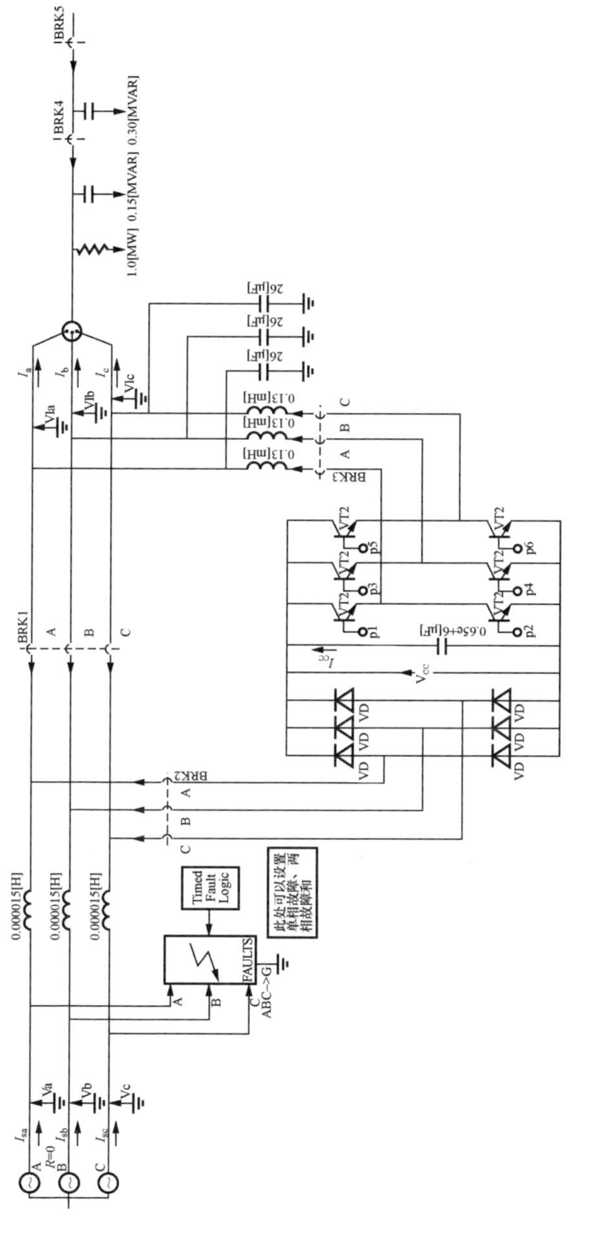

图 7－39　基于多 Agent 的微电网电压控制模型

(1) 可控微电源 Agent (AG-1): 由三相理想源组成。理想电源提供电能，并能根据节点周围线路的有功及无功情况随时调节自身出力，构成一个负反馈电压系统。可控微电源仿真模型如图 7-40 所示。

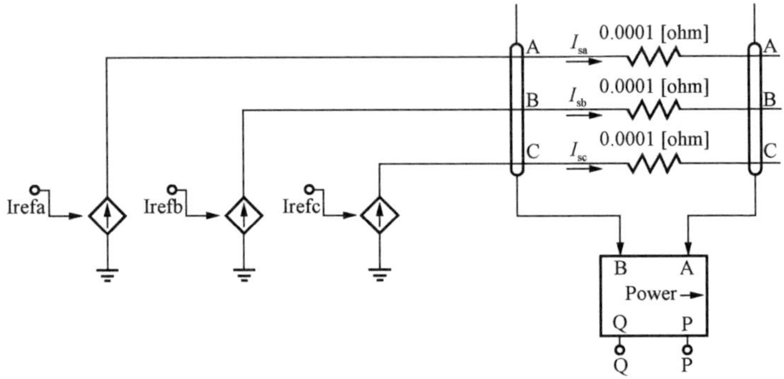

图 7-40　可控微电源仿真模型

(2) 超级电容器 Agent (AG-2): 本文设计了一个超级电容器，用以满足微电网的具体需求，它通过整流器和逆变器的组合来完成存储、释放能量的功能。当微电源输出功率较多时，它能够储存能量。当微电源提供的能量不足，或系统负荷增加超过了微电源的输出功率上限时，超级电容器提供功率补偿，保证负荷电压的稳定。超级电容器仿真模型如图 7-41 所示。

(3) 可变负荷 Agent (AG-3): 由于微电网的主要目的是为了满足本地需求，因而其容量和负荷较小，本算例中通过可变负荷 Agent (AG-3) 投切，用来表示负荷的变化。可变负荷仿真模型如图 7-42 所示。

7.4.2　仿真实验结果分析

为了验证基于多 Agent 系统的微电网二级电压控制的思想，根据前文所述，现对具体仿真结果分析如下。

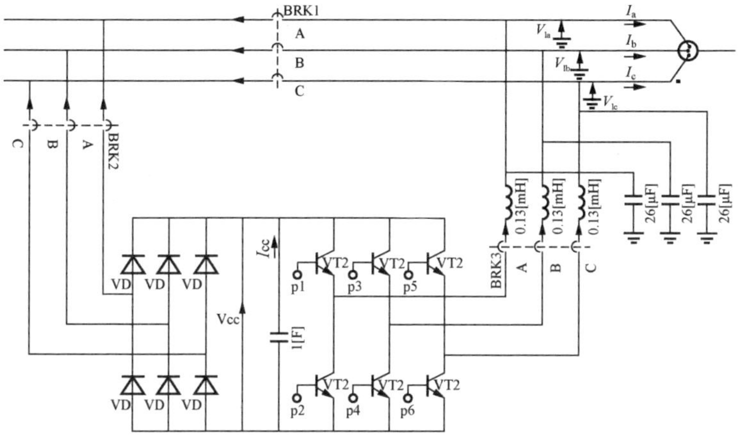

图7-41 超级电容器仿真模型

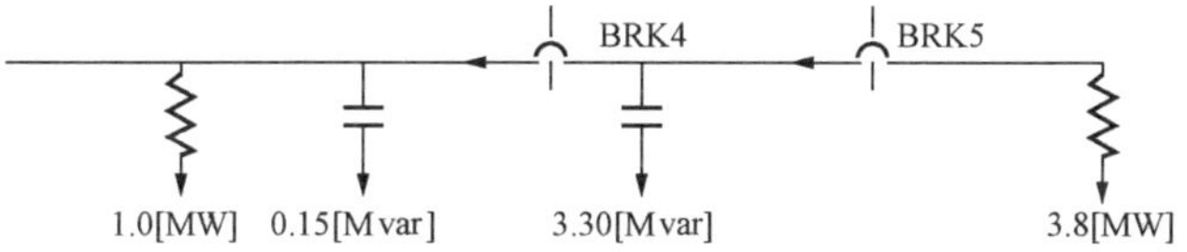

图7-42 可变负荷仿真模型

一、正常情况下

正常情况下，微电源能够按照负荷的需求提供足够的输出功率以维持负荷电压的稳定。

(1) 当微电源的输出功率大于负荷所需功率时，AG-1检测到自身输出功率较多，不能得到完全消耗，于是向AG-M发出协助请求。AG-M接收到AG-1的协助请求后，综合分析微电网内的功率及电压变化趋势，向AG-2发出协助调压指示，并向AG-1发出指令。AG-2在接到AG-M指令后开始执行协助调压任务，由AG-2范围内的超级电容器开始充电，存储能量。其充电过程如图7-43所示。

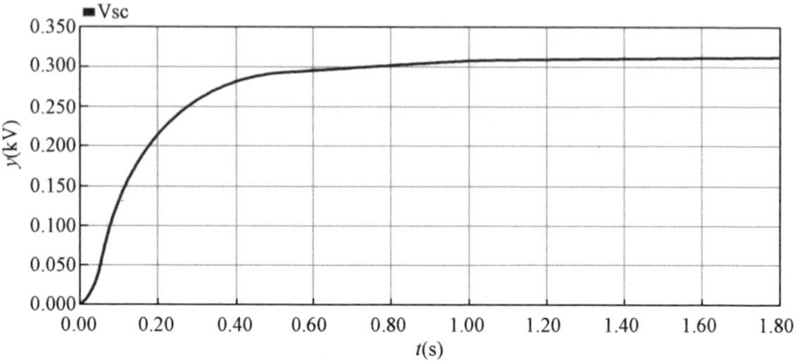

图 7-43 超级电容器充电过程

在 0.00～1.50s 范围内，微电源输出功率大于负荷所需，AG-2 接收到上级 Agent 的协助调压指令后超级电容器开始充电，存储能量。

（2）当 AG-3 检测到本地节点及线路上电压的微小波动，即负荷略有增加的情况，它将通过调节自主地消除电压波动，使节点电压维持正常状态，并将整个调节过程记录到 AG-3 的数据库中，如图 7-44 所示。

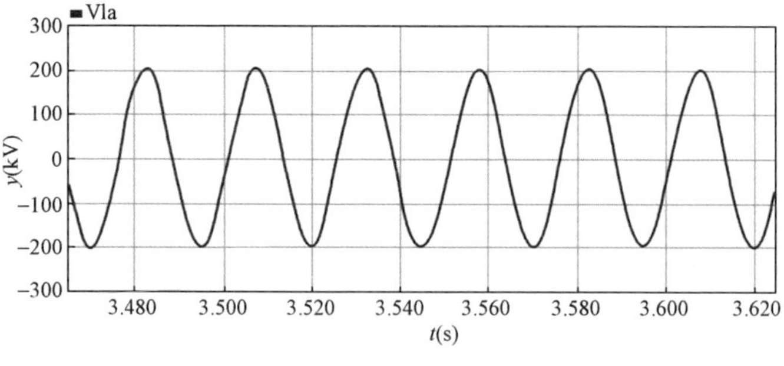

图 7-44 正常情况下负荷电压调节波形图

在图 7-25 中，负荷在 3.5s 时略有增加，使负荷端电压瞬间波动，AG-3 即时检测到电压变化，并通过调节功率输入，在瞬时内消除电压波动，使波形恢复正常。

二、故障情况下

故障情况可分为单相接地短路、两相接地短路以及三相接地短路。在不同的短路状态时，由于系统结构发生变化，电压也发生变化，需要多 Agent 系统的调节来保证故障消除前系统电压的稳定。

（1）单相接地短路：微电源发生 C 相单相接地短路时，AG－1 检测到自身监控范围内的短路情况，由于短路瞬间无法消除，于是向 AG－M 发出协助调压请求。AG－M 接收到协助调压请求后向 AG－2 发出协助调压指令，超级电容器放电，以维持系统电压稳定，并向 AG－M 发回任务协助信息，如图 7－45、图 7－46 所示。

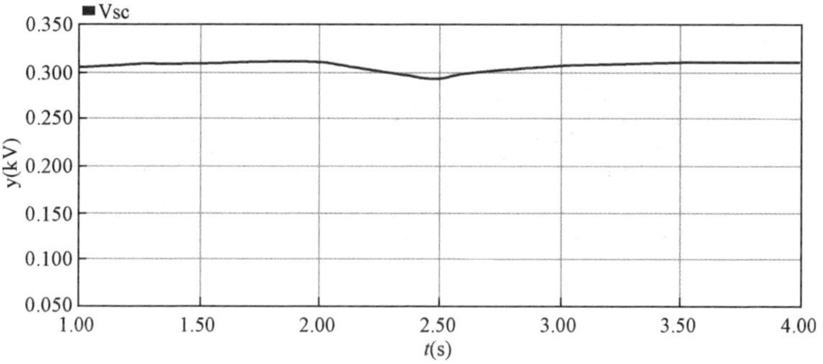

图 7－45 电容器放电波形图

由图 7－45 可以看出：在 2s 时，微电源发生单相接地短路，超级电容器在接收到微电网协调级 Agent 的协助调压请求后开始放电，以维持微电网电压稳定。由图 7－46 可知，在超级电容器的补偿作用下，负荷端电压基本能够维持在正常范围内，直至故障解除。

（2）两相接地短路：微电源发生两相接地短路，AG－1 检测到短路状况，由于短路瞬间无法消除，于是向 AG－M 发出协助调压请求。AG－M 接收到信息后向 AG－2 发出协助调压指令，超级电容器放电，以维持系统电压稳定，完成协助调压任务后，AG－2向 AG－M 发回任务执行信息，如图 7－47、图7－48所示。

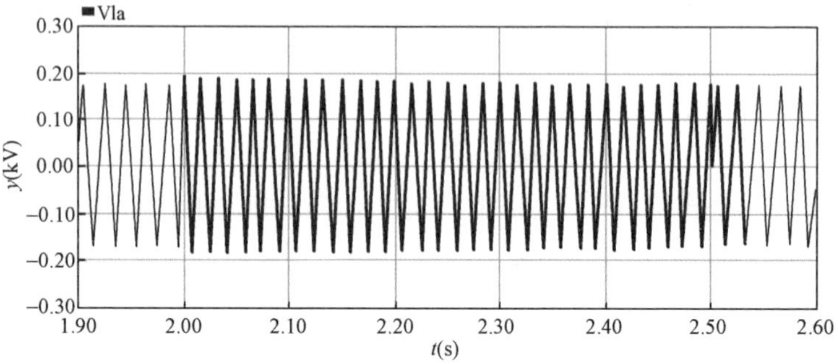

图 7－46　单相短路故障下负荷端电压波形图

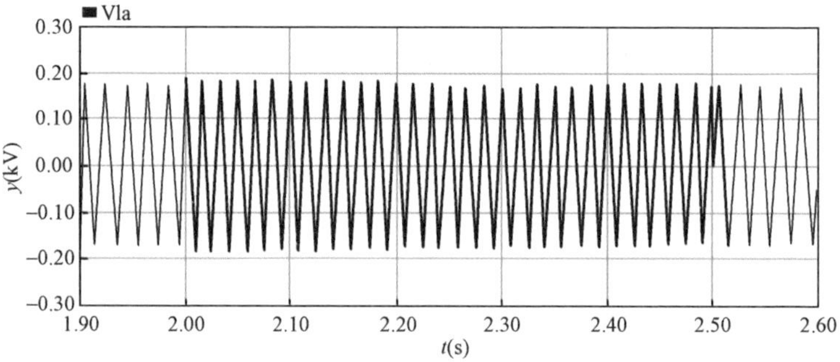

图 7－47　两相接地短路下协助电压调节波形图

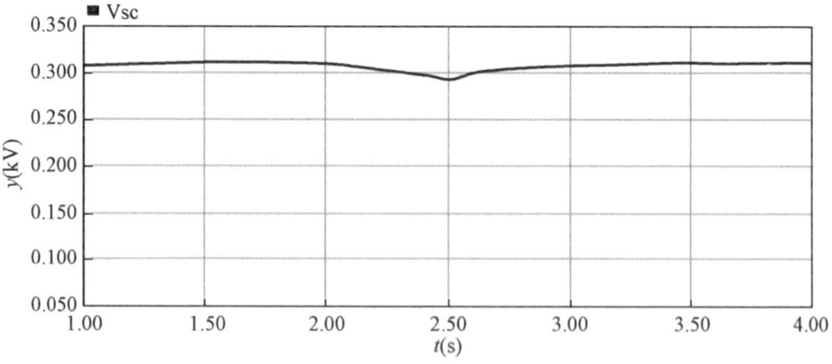

图 7－48　两相接地短路下超级电容器协助调压放电

在2s时，AG－1处发生B、C两相接地短路，超级电容器在接收到微电网协调级Agent的协助调压请求后开始放电，以维持微电网电压稳定。在超级电容器的补偿作用下，负荷端电压基本能够维持在正常范围内，直至故障解除。

（3）三相接地短路：系统在2s时，在AG－1范围内发生三相接地短路，微电源在瞬间无法向负荷供电，不能满足负荷的需求。此时AG－1向微电网协调Agent发出协助调压请求。请求由其他执行级Agent协助完成调压任务。AG－M接受AG－1协助调压请求，选择最适合承担该调压任务的AG－2，并将执行请求发送至AG－2，使其参与进行二级电压协调控制，提供功率补偿，在最短时间内消除电压波动，并将相关信息及时反馈，直至3s时短路恢复，系统恢复正常运行状态，如图7－49、图7－50所示。

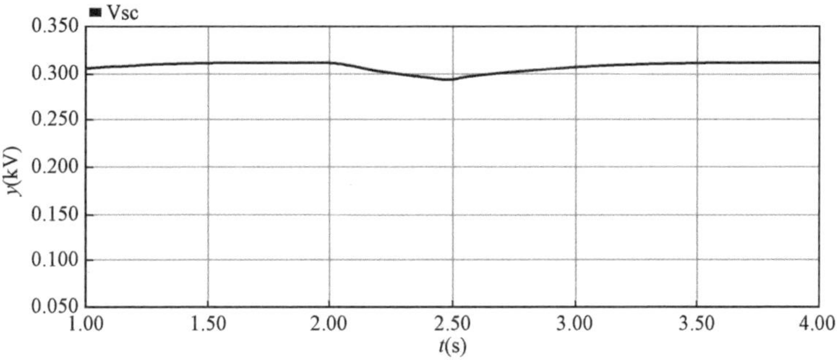

图7－49　三相接地短路时超级电容器放电

由图7－49可以看出，在短路瞬间（2s），微电源有功及无功输出突然消失，负荷电压突然降低。AG－2超级电容器迅速加入电压调节，向负荷提供无功输出，以维持负荷电压稳定。此外，由于超级电容器的设计限制，在短路瞬间，电能质量不能得到完全保障，出现了谐波等情况。

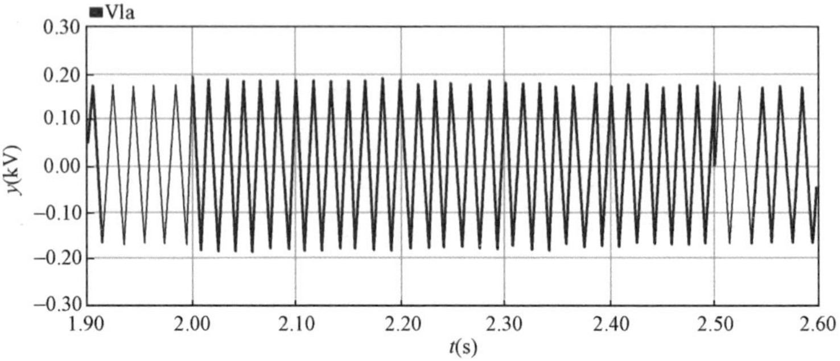

图 7－50 三相接地短路时电压协调控制后负荷端电压

从仿真结果可以看出，采用基于多 Agent 系统的微电网电压控制系统能够在系统正常运行状态及受到各种程度扰动的紧急情况下，充分利用系统无功控制设备的无功储备，迅速而有效地消除电压波动，为系统电压稳定提供保证。这对提高微电网系统的运行稳定性是非常有效的。

7.5 微电网保护仿真与分析

7.5.1 仿真模型的建立与参数设定

所建系统如图 7－51 所示，通过设计微电网模型，并对其进行故障模拟，对各种短路故障（单相接地故障、两相接地故障、三相接地故障、两相短路故障等）进行仿真，采用瞬时过流保护为主，其余如时限过流保护、欠电压保护为辅，并通过设定的逻辑判定算法，能够实现对故障类型进行判断以及保护开关作出相应的动作。通过分析，设定正常运行方式下不同位置的故障，得到不同故障位置时对应的故障电流变化情况，最终得到不同位置的保护整定值，设置其动作时间和动作顺序，7.5.2 节主要以三相短路接地故障为例进行分析。

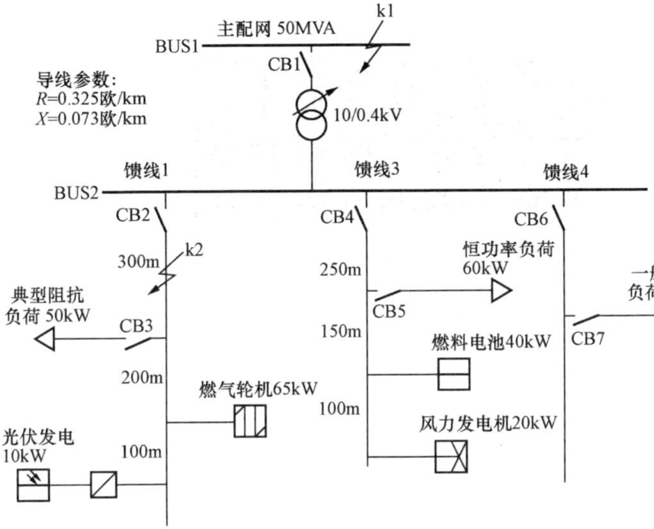

图 7－51　微电网故障仿真系统图

该模型的保护由启动元件、测量元件和通道三个主要部分组成。这三个部分相互配合能有效完成区分“区内、区外故障”的主保护功能。保护可利用的信息很多，如故障距离信息、故障方向信息、故障电气量的相位信息或者上述信息的综合。这里采用比较故障方向信息的算法，因为与其他信息相比，故障方向易于判断，指示明确，交换的信息量较少，便于利用。

同时，每个区域采用电流故障分量判定元件构成启动元件，利用功率方向和三相电流构成测量元件。使用功率方向元件，能有效地提高弱馈侧方向元件的灵敏度。

7.5.2　仿真结果分析

一、故障位置 k1

这里将故障位置 k1 的故障类型设定为 ABC 三相短路接地故障，故障起始时间为 2s，仿真时间为 5s。仿真结果如图 7－52～图 7－54 所示。

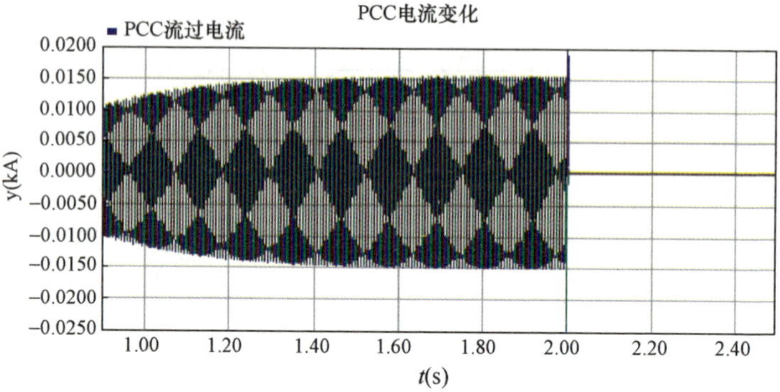

图 7－52　故障情况下 PCC 开关电流变化图

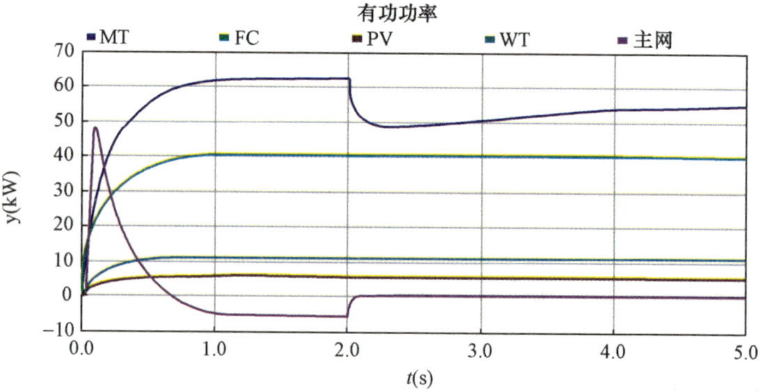

图 7－53　故障情况下各微源供电情况

在 0～1s 期间，微电网与配电网并网运行，电网运行稳定，各微源按照 P/Q 模式运行；当在 2s 发生三相短路故障时，在 PCC 开关点设定了故障方向判断，通过图 7－52 可以看出微电网跟配电网之间的潮流方向没有发生变化，可以根据潮流流向判断出故障发生在微电网外部，同时流过 PCC 点的电流幅值在 2s 发生剧增，达到了保护开关动作的限定值，所以通过分析判断，过流速断保护开关 CB1（PCC 开关）打开，故障处隔离。此时，微电网同配电网断开，微电网在此过程中由并网变为孤网运行方式，在保护开关断开的同时，中心控制器给微源发出控制模式转换指令，MT 由 P/Q 模式转换为 U/f 运行模式，通过对 BUS2 母线电压的监测可以看出，该微电网能在故障情况下，由并网运行平滑过渡为孤网运行方式。

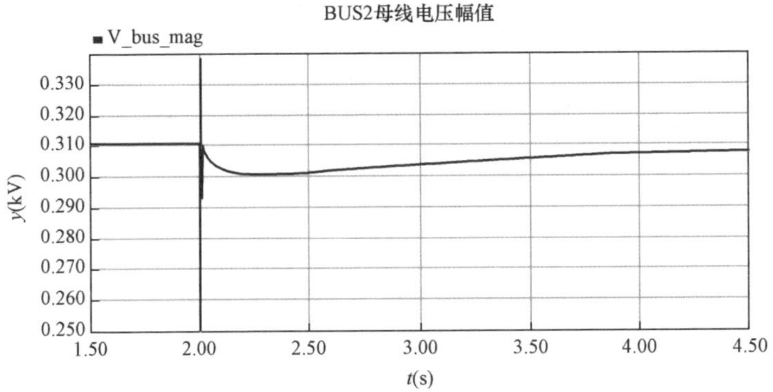

图 7－54　故障情况下 BUS2 母线电压变化情况

二、故障位置 k2：

这里将故障位置 k2 的故障类型设定为 ABC 三相短路接地故障，故障起始时间为 2s，仿真时间为 5s。仿真结果如图 7－55～图 7－58 所示。

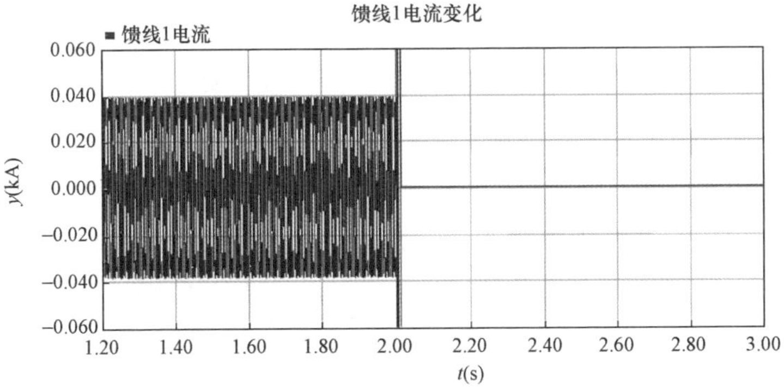

图 7－55　故障情况下馈线 1 电流变化图

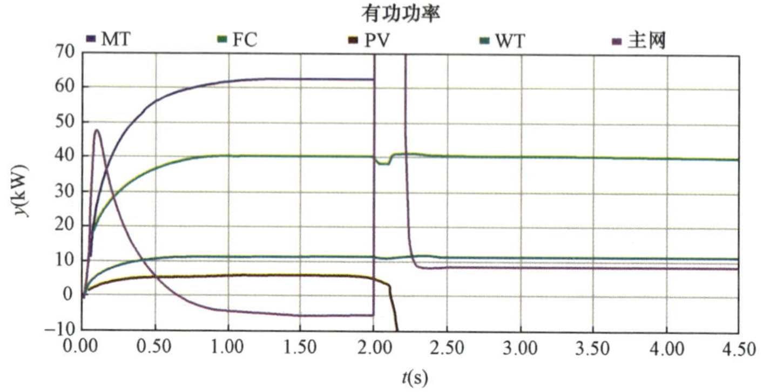

图 7-56 故障情况下各微源供电情况

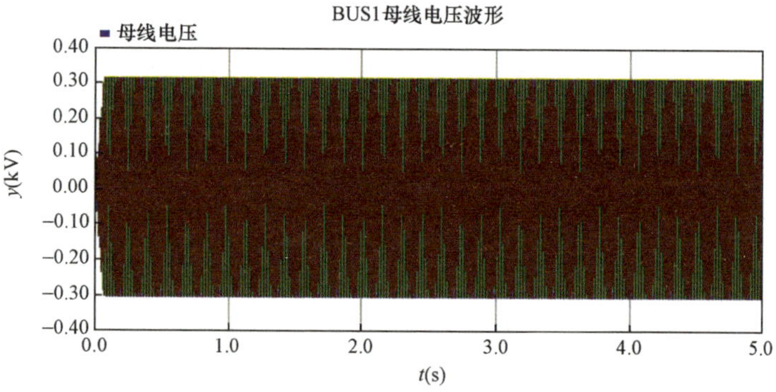

图 7-57 故障情况下 BUS1 母线电压变化情况

在 0～1s 期间，微电网与配电网并网运行，电网运行稳定，各微源按照 P/Q 模式运行；当在 2s 发生三相短路故障时，在 PCC 开关点设定了故障方向判断，通过图 7-56 可以看出微电网跟配电网之间的潮流方向发生变化，同时 PCC 流过功率剧增，根据潮流流向可以判断出故障发生在微电网内部，同时流过开关 CB2 的电流幅值在 2s 发生剧增，达到了保护开关动作的限定值，而馈线 3、馈线 4 电流变化不大，所以通过分析判断，过流速断保护开关 CB2（PCC 开关）打开，故障处隔离。在 CB2 打开的过程中，微源 PV 和 MT 同时在各自保护的作用下停机；而通过对 BUS1 母线电压的监测可以看出，对于 k2 处的故障并没有影响到上级配电网，所以 PCC 点处开关不动作，微电网依旧与配电网并网运行，WT 和 FC 仍在原有控制模式（P/Q）下运行，在此过程中 BUS2 母线电压基本维持稳定状态。

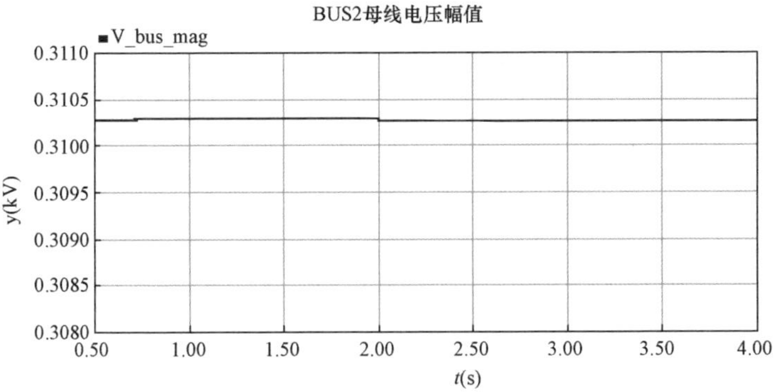

图 7-58　故障情况下 BUS2 母线电压变化情况

第8章 微电网未来发展方向

8.1 微电网的发展

微电网技术作为国际电力系统一个前沿研究领域，以其灵活、环保、高可靠性的特点被欧盟和美国能源部门大力发展，今后必将在我国得到广泛应用。

8.1.1 高频交流微电网

高频交流（High Frequency AC，HFAC）微电网含有一条运行于高频率（如20kHz）的母线，所有DG和储能设备都接入母线，向用户负荷供电，系统接入方式如图8-1所示。HFAC微电网由于运行在较高频率，具有使设备小型化、减小谐波影响、改善电能质量、方便交流储能设备接入等优点。

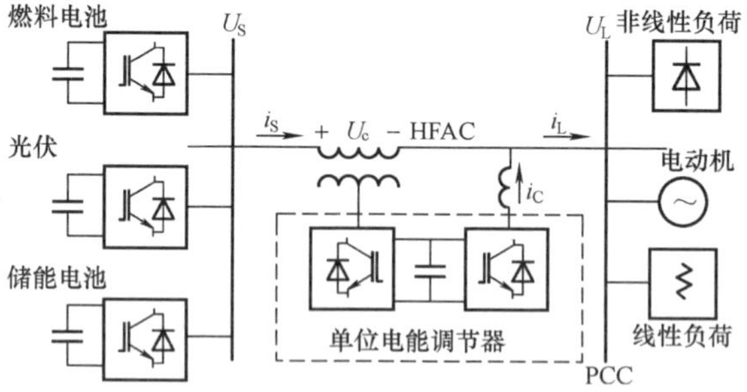

图8-1 高频交流微电网系统接入方式

HFAC微电网的成功应用必须依赖于对能源和高频母线的

优化利用，使用标准的电力质量调节器（Unified Power Quality Conditioner，UPQC）实现这一功能，UPQC 基本结构如图 8－2 所示。UPQC 可以补偿无功，补偿电流和电压的谐波影响，改善电能质量。

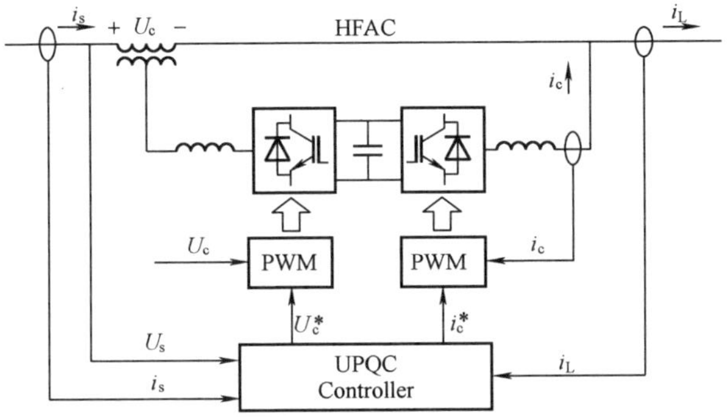

图 8－2　电力值量调节器 UPQC 的基本结构

微电网的一个重要任务就是控制微电网和主电网之间的潮流。高频微电网中采用通用有源线路调节器（Universal Active Power Line Conditioner，UPLC）来控制潮流，减轻电流谐波影响，可以有效地解决 HFAC 微电网的潮流和电能质量问题，其示意图如图 8－3 所示。

8.1.2　直流微电网

直流微电网拥有独特的直流输电线路，相对于传统交流系统不会产生大型故障。直流微电网系统具有以下优势。

（1）由于 DG 的控制只取决于直流电压，直流微电网的 DG 较易协同运行。

（2）发电电能和消费负荷的改变在直流网络里可以作为一个整体进行补偿。

（3）只有与主网连接处需要使用逆变器，系统成本和损耗大大降低。

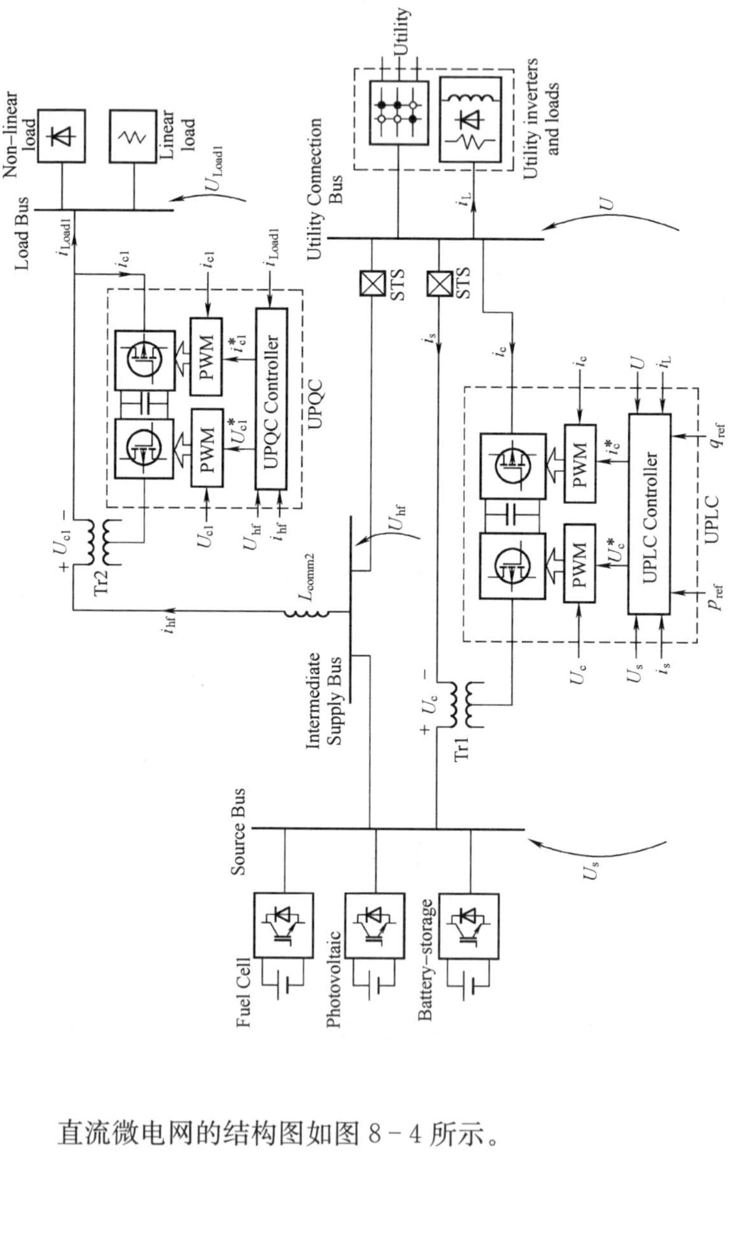

图 8-3 有源线路调节器 UPLC 示意图

直流微电网的结构图如图 8-4 所示。

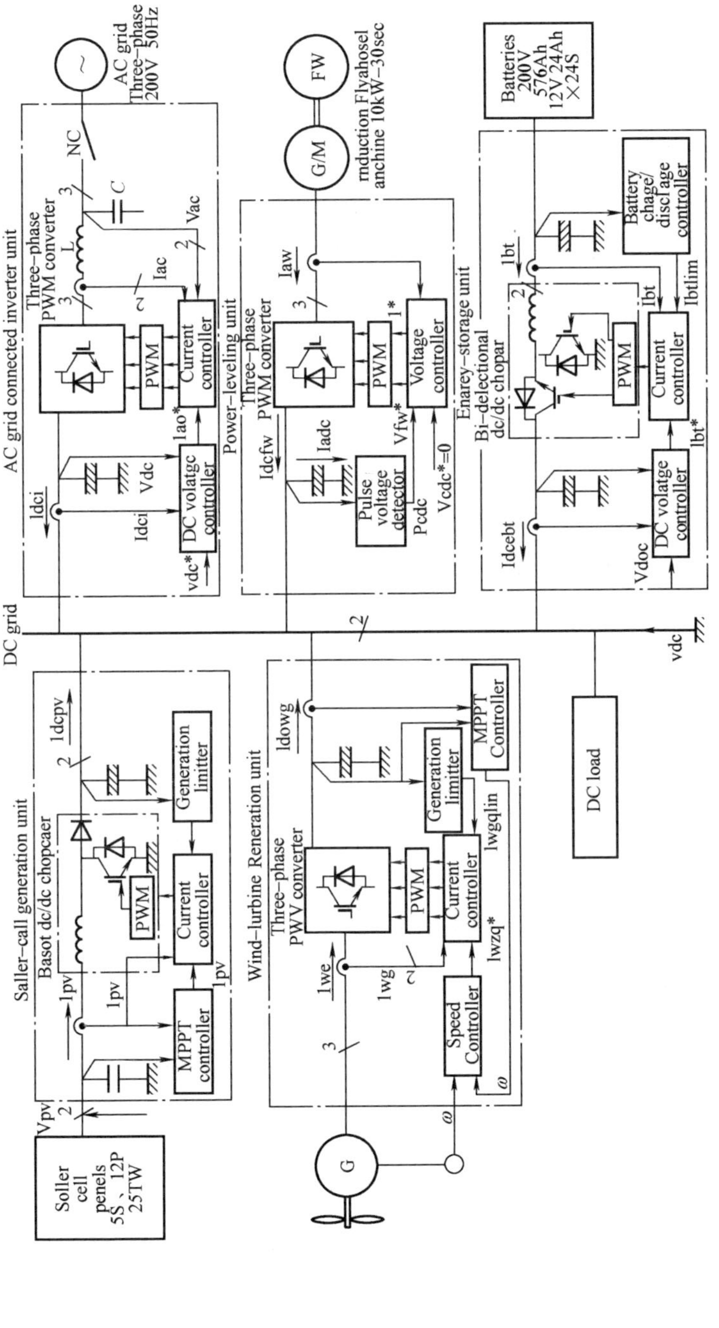

图8-4 10kW 直流分布式发电系统

8.2 微电网智能化

智能电网，就是电网的智能化，也被称为“电网 2.0”。它是建立在集成的、高速双向通信网络的基础上，通过先进的传感和测量技术、先进的设备技术、先进的控制方法以及先进的决策支持系统技术的应用，实现电网的可靠、安全、经济、高效、环境友好的使用目标，其主要特征包括自愈、激励和包括用户、抵御攻击、提供满足 21 世纪用户需求的电能质量、允许各种不同发电形式的接入、启动电力市场以及资产的优化高效运行。

欧盟理事会在 2006 年的绿皮书（Green Paper）“欧洲可持续的、竞争的和安全的电能策略（A European Strategy for Sustainable，Competitive and Secure Energy）”中强调欧洲已经进入一个新能源时代。欧洲能源政策最重要的目标是实现供电的可持续性、竞争性和安全性，从而需要通过制定一系列政策来实现。未来整个欧洲电网必须向所有用户提供高度可靠、经济有效的电能，充分开发利用大型集中发电机和小型分布电源。智能电网技术是保证欧盟电网电能质量的一个关键技术和发展方向。

智能电网是为满足欧洲未来供电网需要而进行的大胆尝试，其特性包括以下几个方面：一是柔性的（Flexible），满足用户需要；二是易接入的（Accessible），保证所有用户的连接通畅，尤其对于可再生能源和高效、零或低 CO_2 排放的本地发电；三是可靠的（Reliable），保障和提高供电的安全性和质量；四是经济的（Economic），通过改革及竞争调节实现最有效的能源管理。智能电网结构示意如图 8－5 所示。

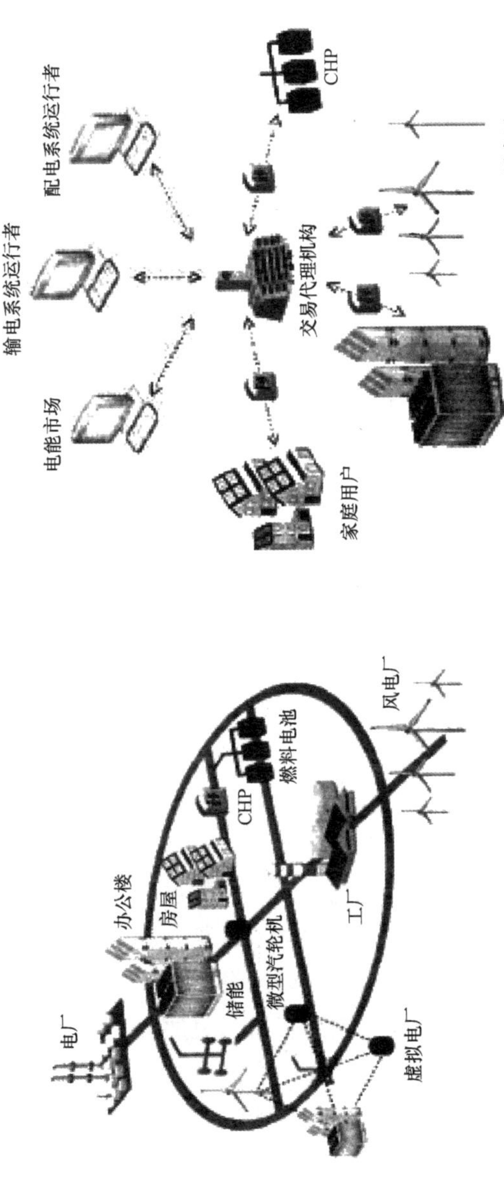

图 8－5　智能电网结构示意

智能电网的研究主要涉及以下几个方面：一是智能配电结构；二是智能运行，电能和用户适应性；三是智能电网管理；四是智能电网的欧洲互用性；五是智能电网的断面潮流问题。

实现智能电网正常运行所需的技术：一是现有配电网技术；二是新型网络技术，以提高电能传输能力和减少损耗，如气体绝缘输电线路（GIL），超导性、高运行温度、柔性交流输电（FACT）技术等；三是广域通信，保障网络自动化、在线服务、有功运行、需求响应和需求侧管理（DSM）；四是电力电子技术，改善供电质量；五是静态储能装置。

实现智能电网运行的特性需要采用新技术，新的电网技术可增加电能传输量和减少能量损耗，提高供电效率，而电力电子技术则可改善供电质量。先进的仿真工具促进了创新技术的应用。通信、测量和商业系统的发展在不同程度上为智能电网打开了新通道。

智能电网将安全、无缝地允许各种不同类型的发电和储能系统接入系统，简化联网的过程，类似于“即插即用”（见图8-6），这一特征对电网提出了严峻的挑战。改进的互联标准将使各种各样的发电和储能系统容易接入。由小到大各种不同容量的发电和储能系统在所有的电压等级上都可以互联，包括分布式电源如光伏发电、风电、先进的电池系统、即插式混合动力汽车和燃料电池。商业用户要安装自己的发电设备（包括高效热电联产装置）和电力储能设施将更加容易和更加有利可图。在智能电网中，大型集中式发电厂，如风电和大型太阳能电厂以及先进的核电厂将继续发挥重要的作用。加强输电系统的建设使这些大型发电厂仍然能够远距离输送电力。同时各种各样的分布式电源的接入一方面减少了对外来能源的依赖，另一方面提高了供电可靠性和电能质量，特别是对应对战争和恐怖袭击具有重要的意义。

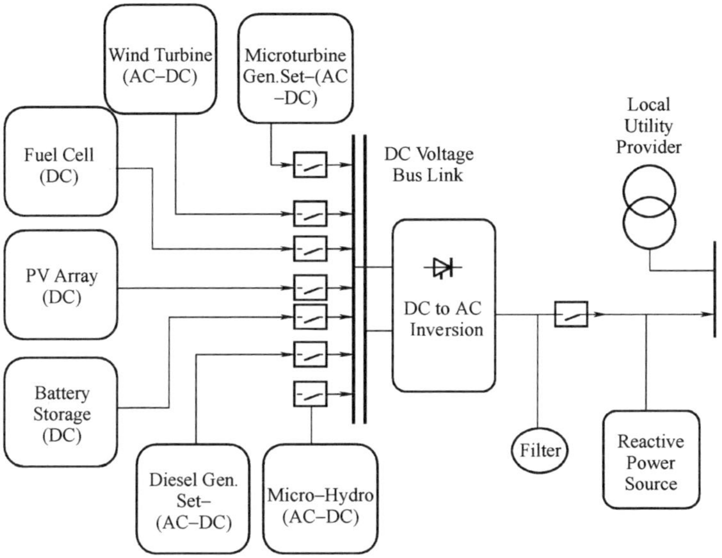

图 8－6　多种微源即插即用微电网示意图

近几年内，微电网技术作为一个较为前沿的研究领域，以其高可靠性、环保、灵活等特点被欧美发达国家所大力发展。我国863、973 等国家重点研究发展规划也开始立项，以鼓励和支持各个高校和科研院所在微电网技术方面的研究，未来几年微电网理论及相关技术将会通过示范性工程得到验证，进而得到广泛的实践性应用。以下几个方面将是研究的主要方向。

（1）微电网并网、孤网运行方式的不同和储能元件的协调控制，使得微电网内部存在多向、多路径能量流动与传输，需要建立适合该特点的网络结构规划设计和运行理论的基础。

（2）针对含有风电等可再生能源的分布式发电系统，设计实时、灵活的智能化分布式电源控制器和中央管理单元，以能够完成微电网的自愈、自治和自组织等复杂功能。另外，根据负荷的要求（敏感重要和非敏感负荷）以及电网的不同运行状况，对控制策略进行优化完善，尤其是不同控制策略的整合、协调和过渡，探索微电网合适的运行方式和管理策略。

（3）利用神经网络、小波分析、灰色理论以及专家系统预测技术建立微电网内部随机负荷模型，根据主网的调度计划以及微电网内负荷容量和电能质量的需求，结合智能控制（人工神经网络、模糊控制）以及现代控制理论，建立微电网内部的随机潮流优化控制模型。

（4）建立主网与微电网的新型经济关系体系，妥善研究制定微电网与主网的并网与孤网的技术准则，特别明细孤网情况下运营商的微型分布式电源的运行规范，进一步研究微电网技术的推广对电力市场的影响。

（5）分布式发电技术、储能技术的完善和新型技术的开发，以及微电网内逆变器等新型电力电子设备的研发。

（6）由于微电网内部组成部分时间常数相差很大（一次能源转化的时间常数以秒计，发电装置中的电磁暂态过程以毫秒计，电力电子变换器中开关 及其控制过程以微、纳秒计），需要建立多参量复杂系统的建模、仿真与优化方法。

（7）根据负荷要求（敏感关键负荷和非敏感负荷）和电网的不同状况，对策略进行完善和细化，特别注意不同策略的整合和过渡。

（8）对微电网输配电结构进行改进、参数优化，并分析其对电网电压的影响时，要兼顾经济性、稳定性、安全性、可靠性等多种指标的要求。

通过上述分析可以看出，作为大电网的有益补充与分布式发电系统的有效利用形式，微电网已成为电力领域的一个新热点。可以预见，未来的电力系统将会是由集中式与分布式发电系统有机结合的供能系统，这种混合系统可以节省投资和减少投资的风险，降低能耗，提高能效，提高电力系统可靠性、灵活性和供电质量，将成为 21 世纪电力工业的重要发展方向。

随着智能电网的发展，其对多种新能源的兼容性，必然会促使微电网向着智能化的方向发展。

参　考　文　献

[1] Chakraborty, S. Simoes, M. G.. McDonald, "Fuzzy ARTMAP based forecast of renewable generation for a high frequency AC microgrid".

[2] Sudipta Chakraborty, Marcelo G. S, "Advanced Active Filtering in a Single Phase High Frequency AC Microgrid".

[3] Hiroaki Kakigano, Yushi Miura, "DC Voltage Control of the DC Micro-grid - Grid for Super High Quality Electric Power Distribution".

[4] Kakigano, H. Miura, Y. Ise, T. Uchida, R. "DC Micro - Grid for Super High Quality Distribution System Configuration and Control of Distributed Generations and Energy Storage Devices".